供电所用电信息采集运维一本通

国网河南省电力公司焦作供电公司　编

黄河水利出版社
·郑州·

内容提要

本书对集中器、路由、载波芯片的厂家及版本，集中器、智能电表、通信模块的基本功能、性能，用电信息采集系统常用功能的操作，系统故障分析的基本流程，用电信息采集系统相关运行指标，集中器与路由的交互流程，路由与智能电表的交互流程等内容进行了详细的阐述。主要内容包括用电信息采集设备功能、用电信息采集系统常用操作、用电信息采集调试操作及调试工具。

本书可供从事现场调试和载波环境检测的用电信息采集系统运行维护人员学习参考。

图书在版编目(CIP)数据

供电所用电信息采集运维一本通/国网河南省电力公司焦作供电公司编. —郑州:黄河水利出版社,2018. 12

ISBN 978 - 7 - 5509 - 1745 - 3

Ⅰ. ①供… Ⅱ. ①霍… Ⅲ. ①用电管理 - 管理信息系统 Ⅳ. ①TM92

中国版本图书馆 CIP 数据核字(2018)第 279235 号

组稿编辑:王路平　电话:0371-66022212　E-mail:hhslwlp@ 126. com

出 版 社:黄河水利出版社　网址:www. yrcp. com

地址:河南省郑州市顺河路黄委会综合楼 14 层　邮政编码:450003

发行单位:黄河水利出版社

发行部电话:0371 - 66026940、66020550、66028024、66022620(传真)

E-mail:hhslcbs@ 126. com

承印单位:河南新华印刷集团有限公司

开本:890 mm × 1 240 mm　1/32

印张:3

字数:70 千字

版次:2018 年 12 月第 1 版　印次:2018 年 12 月第 1 次印刷

定价:15. 00 元

《供电所用电信息采集运维一本通》
编写委员会

主　　编　霍　帅

副 主 编　崔十奇

编写人员　牛草萌　张　璐

王丽娜　赵彭真

前　言

随着用电信息采集系统建设规模的不断扩大,用电信息采集系统已成为公司各专业的重要数据来源和应用支撑系统。为保障用电信息采集系统安全、稳定、高效运行,全面提升采集成功率、费控执行成功率运行指标,加强故障分析和处理能力,进一步提高用电信息采集系统的运行效率和深化应用水平,本书按照智能电网建设的总体要求,为实现“全覆盖、全采集、全费控”的总体目标,在现有建设基础上,组织对用电信息采集系统应用现状进行调研、分析、总结,全面梳理了用电信息采集维护过程中涉及的设备与系统操作流程。为保障用电信息采集费控工作科学开展、有效落实、精细管理,实现各项系统运行指标全面提升,特编制本书。

本书在编写过程中得到了国网河南省电力公司焦作供电公司的大力支持和帮助,霍帅、崔十奇、牛草萌、张璐、王丽娜、赵彭真参与了本书内容的编制和校订。

书中存在的不妥之处,敬请读者朋友批评指正。

编　者

2018 年 9 月

目 录

项目1 用电信息采集设备介绍

1.1 低压电力线载波介绍

低压电力线载波通信是利用传输工频电能的低压电力线作为传输信道的通信方式,是电力线特有的通信方式。其具有电力线复用、易施工、后期运行费用低、综合成本低等优点,但低压电力线组网结构复杂,线路干扰噪声强、阻抗变化大、信号衰减大,技术门槛较高。载波模块发送信号时,利用调制技术将数据进行调制,然后在低压电力线上传输;接收时,先经滤波将带外噪声滤除,再解调,即可得到原始数据。目前,各网省公司根据自己的实际情况,形成了两种主要形式的低压集抄系统:

(1)全载波模式(载波表模式)。系统组成有集中器、载波表;集中器和载波表间使用低压电力线作为通信媒介;建设规模较大的有黑龙江、河南、河北、湖南等网省公司。

(2)半载波模式(采集器模式)。系统组成有集中器、采集器和485表;集中器和采集器间使用低压电力线作为通信媒介,采集器和485表间使用485线作为通信媒介;主要在浙江、江苏、云南和安徽等网省公司。

1.2　集中器(国网Ⅰ型)

1.2.1　集中器的作用

(1)集中器(见图1-1)下行使用485总线、电力线载波、微功率无线等方式抄读电表数据;集中器下行到载波路由使用的是376.2协议,集中器RS-485抄表使用的是DL/T-645协议。

(2)集中器上行使用GPRS/CDMA模块、以太网等方式将数据传输到用电信息采集系统;集中器上行使用的是376.1协议。

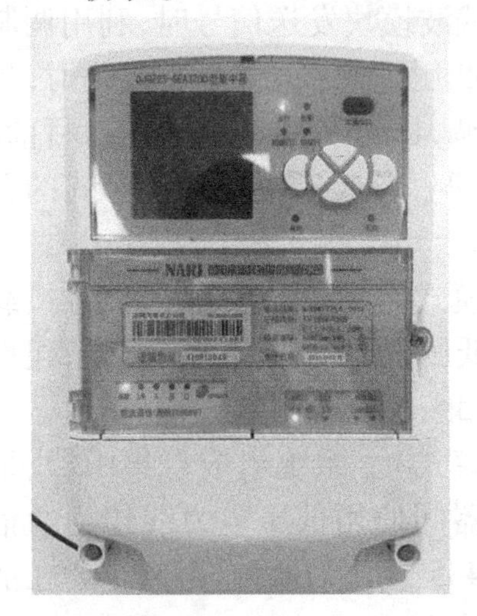

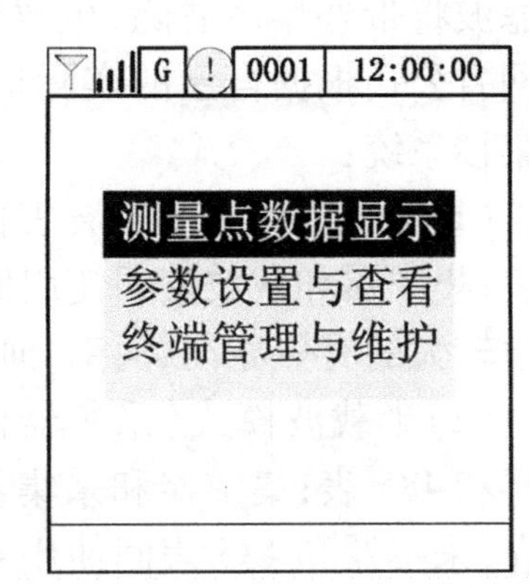

图1-1

1.2.2　集中器的基本操作

测量点数据显示:菜单可查询电表数据。

参数设置与查看:可设置查看通信通道参数(GPRS)、以太网通道参数、抄表参数、终端地址等。

终端管理与维护：可执行查询终端抄表状态、通信状态、复位等操作。

四个方向键：用于移动光标、选择菜单、选择软键盘输入项等操作。

确认键：进入光标当前选择菜单，输入光标选定内容。

返回键：表示进入上级菜单画面，字符输入画面下删除一个字符。

1.2.3　集中器安装

(1)集中器位置应在台区线路的中心位置，不要装在线路末端。

(2)保证安装位置有稳定的手机信号，避免集中器掉线导致数据上传失败。

(3)注意给各相供电，按照集中器尾盖标识，正确接线。

强电端口如图1-2所示。

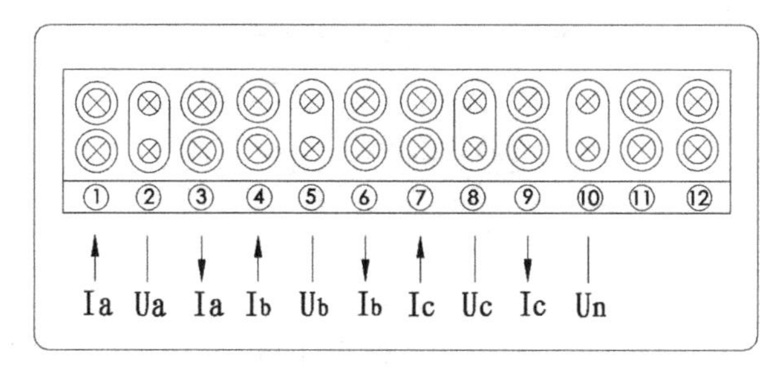

图1-2

集中器接线一般取Ua、Ub、Uc三相电及零线Un即可。

弱电端口（13规范）如图1-3所示。

与公变考核表之间需用485线进行连接，一般选择RS－485Ⅰ的连接。

+	−	+	−	+	−	+	−	+	−	正有	正无	秒	公共	A	B	A	B
13	14	15	16	17	18	19	20	21	22	23	24	25	26	27	28	29	30
遥信1		遥信2		遥信3		遥信4		门接点		脉冲输出				RS-485Ⅱ		RS-485Ⅰ	

图1-3

1.2.4 集中器上行通信 GPRS/CDMA 模块

集中器上行通信 GPRS/CDMA 模块如图 1-4 所示。

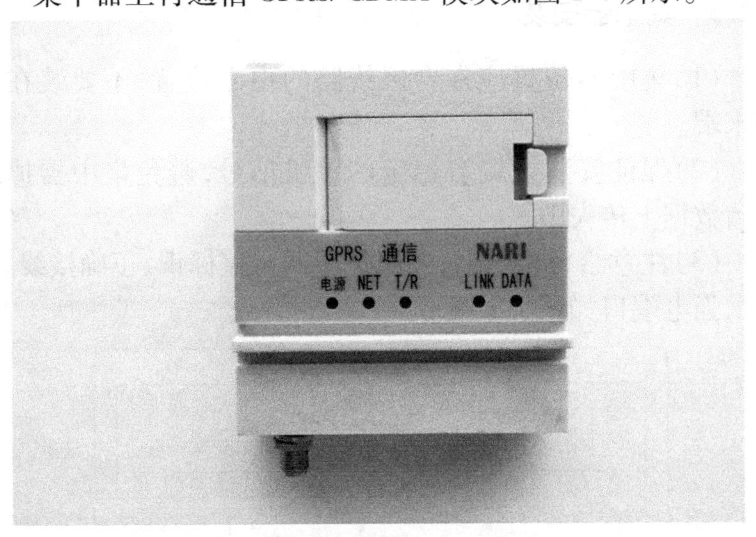

图1-4

作用:远程连接主站系统,接收远程主站的命令,进行电表抄读或上报抄读数据等。

电源灯:模块上电指示灯,红色。灯亮时,表示模块上电;灯灭时,表示模块失电。

NET 灯:网络状态指示灯,绿色。

T/R 灯:模块数据通信指示灯,红、绿双色。红灯闪烁时,表示模块接收数据;绿灯闪烁时,表示模块发送数据。

LINK 灯、DATA 灯:以太网状态、数据指示灯,暂未应用。

1.3　专变终端(国网Ⅲ型)

专变终端如图 1-5 所示。

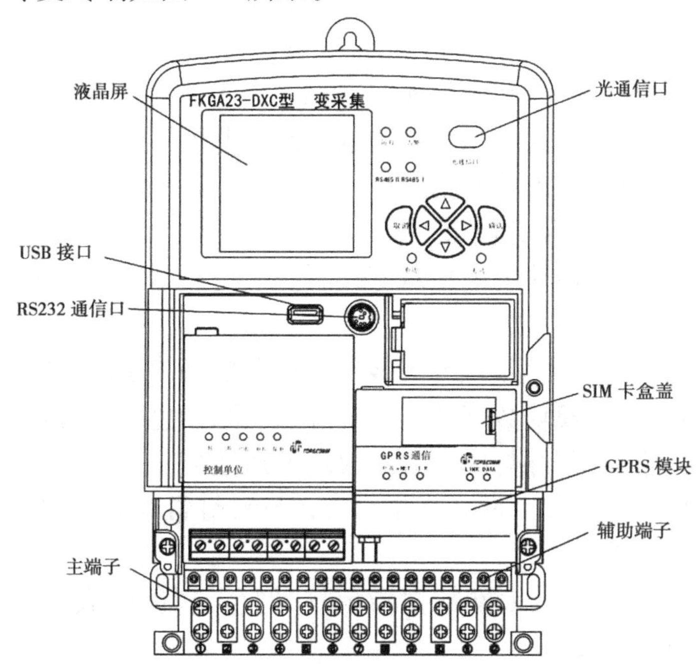

图 1-5

专变终端是应用于专变用户台区的采集终端,与集中器的较大区别为:左侧是控制单元模块,而非路由模块。

RS485 Ⅰ:RS485 Ⅰ通信状态指示,红灯闪烁表示模块接收数据;绿灯闪烁表示模块发送数据。

RS485 Ⅱ:RS485 Ⅱ通信状态指示,红灯闪烁表示模块接收数据;绿灯闪烁表示模块发送数据。

轮次灯:轮次状态指示灯,红、绿双色,红灯亮表示终端相应轮次处于拉闸状态,绿灯亮表示终端相应轮次的跳闸回路正常,具备跳闸条件,红、绿交替闪烁表示控制回路开关接入异常,灯灭表示该轮次未投入控制。

功控灯:功控状态指示灯,红色,灯亮表示终端时段控、厂休控或当前功率下浮控至少一种控制投入,灯灭表示终端时段控、厂休控或当前功率下浮控都解除。

电控灯:电控状态指示灯,红色,灯亮表示终端购电控或月电控投入,灯灭表示终端购电控或月电控解除。

保电灯:保电状态指示灯,红色,灯亮表示终端保电投入,灯灭表示终端保电解除。

电源灯:模块上电指示灯,红色,灯亮表示模块上电,灯灭表示模块失电。

NET 灯:通信模块与无线网络链路状态指示灯,绿色。

T/R 灯:模块数据通信指示灯,红、绿双色,红灯闪烁表示模块接收数据,绿灯闪烁表示模块发送数据。

LINK 灯:以太网状态指示灯,绿色,灯常亮表示以太网口成功建立连接。

DATA 灯:以太网数据指示灯,红色,灯闪烁表示以太网口上有数据交换。

1.4 智能电表

1.4.1 单相智能表

1. 外形及安装尺寸

单相智能表外形及安装尺寸见图 1-6。

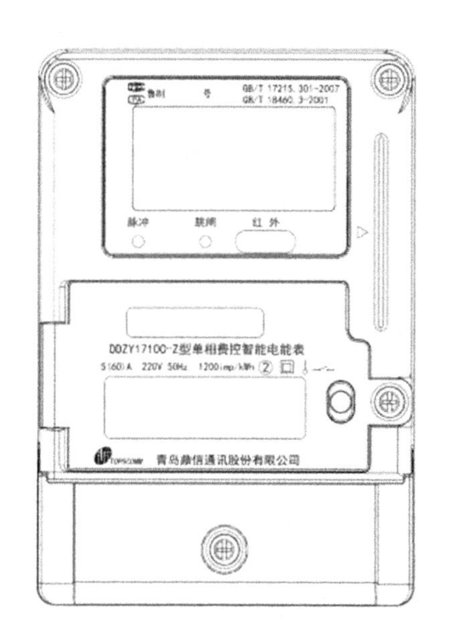

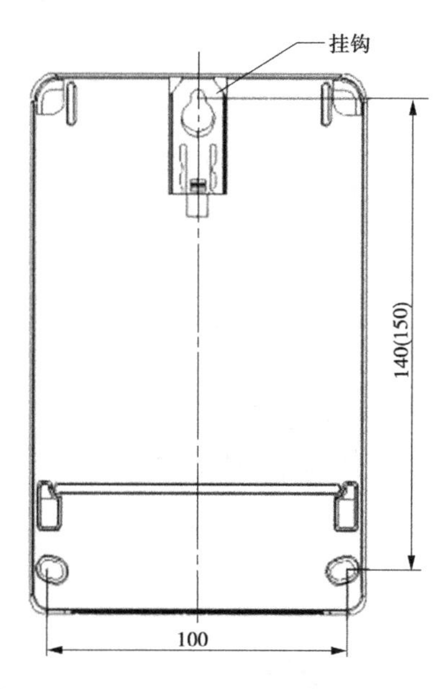

图 1-6

2. 接线端口定义

接线端口定义见图 1-7、表 1-1。

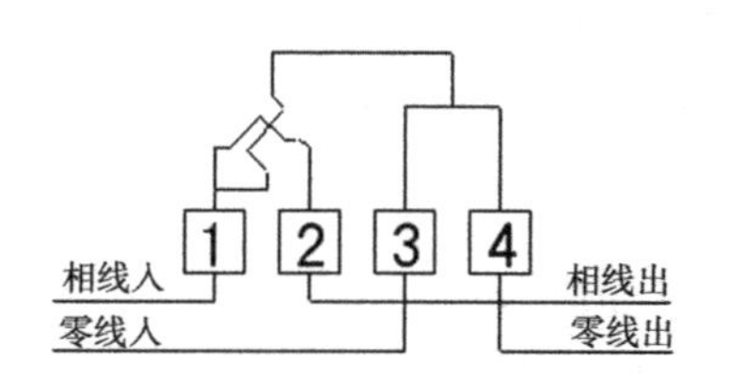

图 1-7

表 1-1

序号	名称	序号	名称
1	相线接线端子	7	脉冲接线端子
2	相线接线端子	8	脉冲接线端子
3	零线接线端子	9	多功能输出口接线端子
4	零线接线端子	10	多功能输出口接线端子
5	跳闸控制端子	11	485 – A 接线端子
6	跳闸控制端子	12	485 – B 接线端子

3. 屏显标识

屏显标识见表 1-2。

表 1-2

<table><tr><td>LN</td><td>从左向右依次为
1. 红外、485 通信中
2. 实验室状态，显示为测试密钥状态，不显示为正式密钥状态
3. 电能表挂起指示
4. 模块通信中
5. 功率反向指示
6. 电池欠压指示
7. 红外认证有效指示
8. 相线、零线</td></tr></table>

4. 通信功能

RS485 电路，通信速率 1 200 ~ 9 600 bps。

红外电路，通信速率 1 200 bps，通信距离 5 m。

1.4.2 三相智能表

1. 外形及安装尺寸

三相智能表外形及安装尺寸见图 1-8。

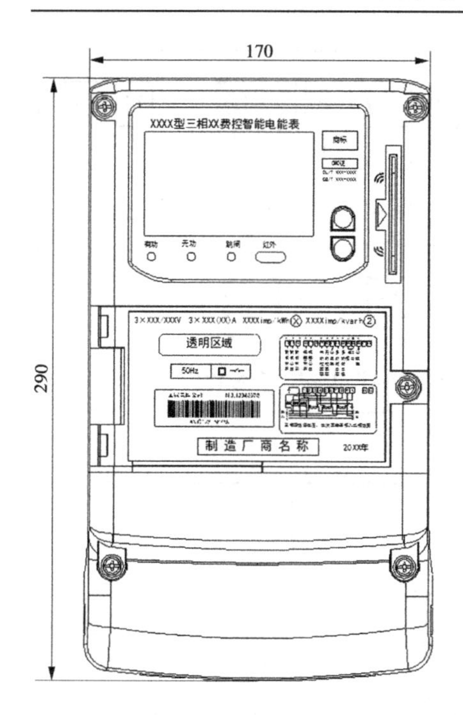

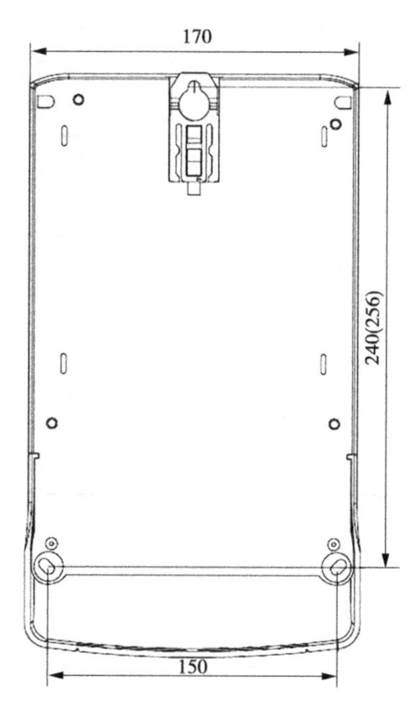

图1-8

2. 接线端口定义

接线端口定义见表1-3、图1-9。

表1-3

序号	名称	序号	名称	序号	名称	序号	名称
1	A相电流端子	8	C相电压端子	17	报警端子－公共	24	485 A1
2	A相电压端子	9	C相电流端子	18	备用端子	25	485 B1
3	A相电流端子	10	电压中性端子/备用端子	19	有功校表 高	26	485 公共地
4	B相电流端子	13	跳闸端子－常开	20	无功校表 高	27	485 A2
5	B相电压端子	14	跳闸端子－公共	21	公共地	28	485 B2
6	B相电流端子	15	跳闸端子－常闭	22	多功能口 高		
7	C相电流端子	16	报警端子－常开	23	多功能口 低		

注:对于三相四线方式,10号端子为电压零线端子;对于三相三线方式,10号端子为备用端子。

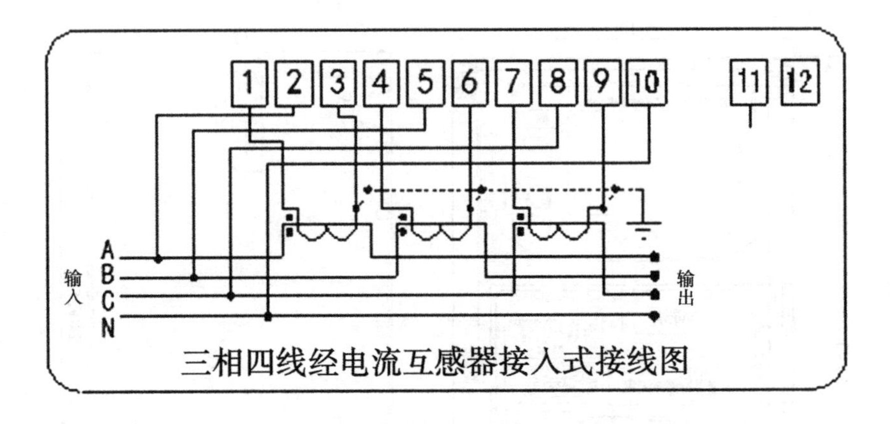
1
2
3
4
5
6
7
8
9
10
11
12
A
B
C
N
输入
输出
三相四线经电流互感器接入式接线图

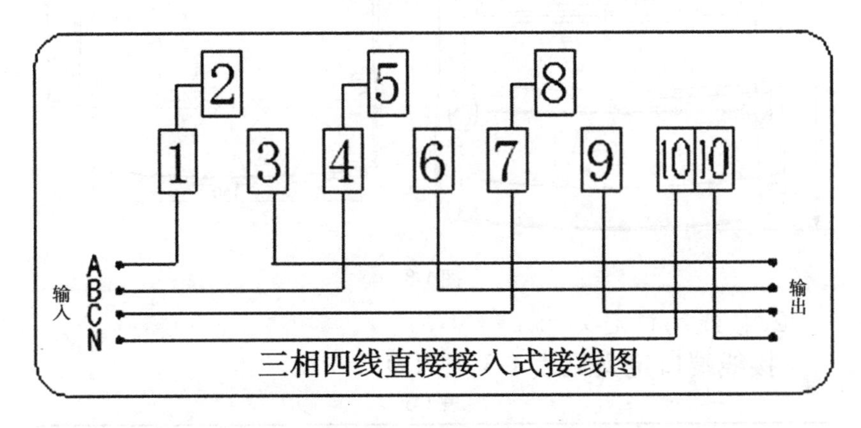
2
5
8
1
3
4
6
7
9
10
10
A
B
C
N
输入
输出
三相四线直接接入式接线图

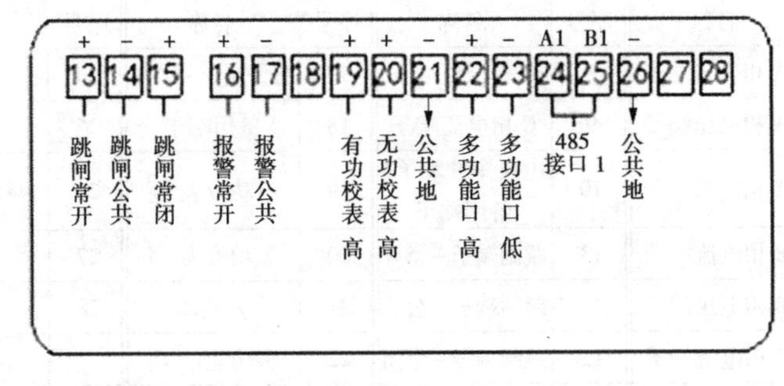
13 14 15 16 17 18 19 20 21 22 23 24 25 26 27 28
A1 B1
跳闸常开
跳闸公共
跳闸常闭
报警常开
报警公共
有功校表高
无功校表高
公共地
多功能口高
多功能口低
485接口1
公共地

图 1-9

3. 屏显标识

屏显标识见表1-4。

表1-4

①② [icons]	从上到下、从左向右依次为 1. ①②代表第1、2套时段/费率，默认为时段 2. 时钟电池欠压指示 3. 停电抄表电池欠压指示 4. 无线通信在线及信号强弱指示 5. 模块通信中 6. 红外通信，如果同时显示“1”表示第1路485通信，显示“2”表示第2路485通信 7. 红外认证有效指示 8. 电能表挂起指示 9. 实验室状态，[icon]显示时为测试密钥状态，不显示为正式密钥状态 10. 报警指示
UaUbUc逆相序-Ia-Ib-Ic	从左到右依次为 1. 三相实时电压状态指示，Ua、Ub、Uc分别对应于A、B、C相电压，某相失压时，该相对应的字符闪烁；某相断相时则不显示。三相三线表不显示Ub 2. 电压电流逆相序指示 3. 三相实时电流状态指示，Ia、Ib、Ic分别对应于A、B、C相电流。某相失流时，该相对应的字符闪烁；某相断流时则不显示；当失流和断流同时存在时，优先显示失流状态。某相功率反向时，显示该相对应符号前的“－”

1.5　下行通信路由模块

下行通信路由模块如图 1-10 所示。

图 1-10

集中器本地载波通信模块,负责启动载波中继数据包来实现电力线网络互连。路由模块指示灯如图 1-11 所示。

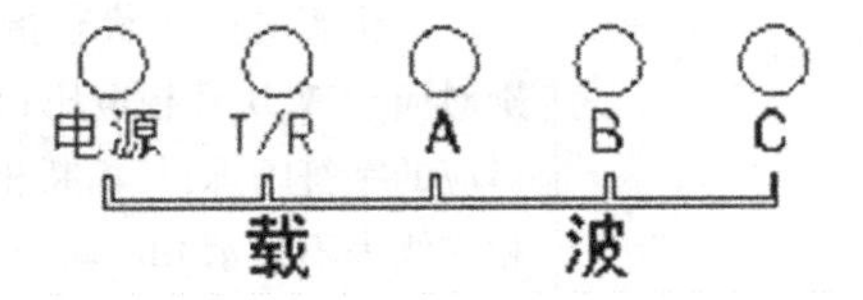

图 1-11

电源灯:模块上电指示灯,红色。灯亮时,表示模块上电;灯灭时,表示模块失电。

T/R 灯:模块数据通信指示灯,红、绿双色。红灯闪烁时,表示模块接收数据;绿灯闪烁时,表示模块发送数据。

A 灯:A 相发送状态指示灯,绿色。

B 灯:B 相发送状态指示灯,绿色。

C 灯:C 相发送状态指示灯,绿色。

1.6　单/三相载波模块

单相载波模块如图 1-12 所示。

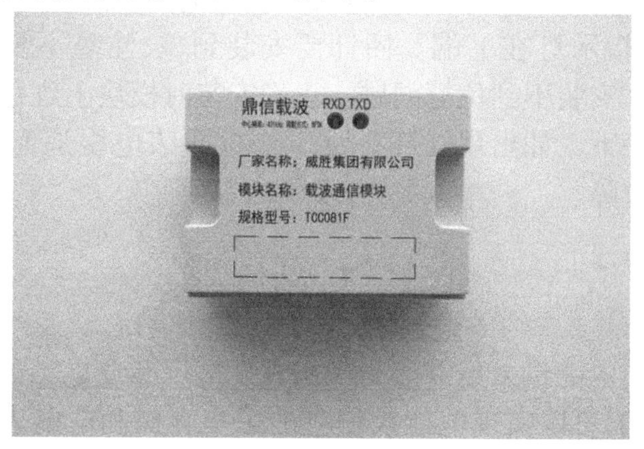

图 1-12

三相载波模块如图 1-13 所示。

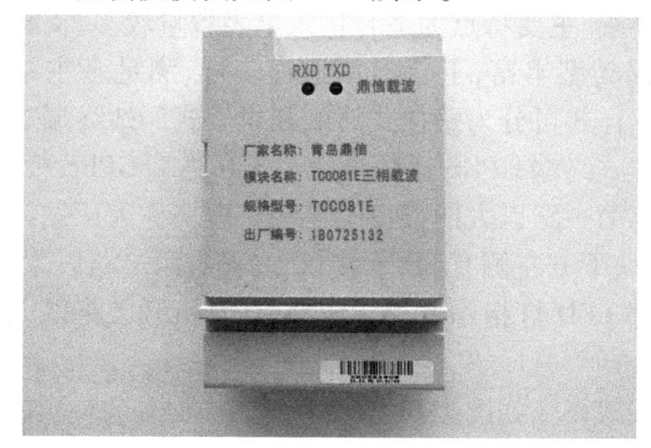

图 1-13

RXD 灯:模块数据通信指示灯,绿色,闪烁表示模块从电网接收到完整报文并匹配地址正确。

TXD 灯:模块数据通信指示灯,红色,闪烁表示模块向电网发送数据。

模块更换可带电操作,电表无须断电。注意:模块不要装反,模块指示灯在上端。插针要安装到位,注意不要出现错位、针歪、安装不到位等问题。正确安装时模块上红色指示灯会闪亮一下。如出现红灯不闪,请核实电表电压是否正常、电表是否故障。

1.7 厂站终端

厂站电能量采集终端是应用在发电厂和变电站的电能量采集终端,可以实现电能表信息的采集存储和电能表运行工况监测,并对采集的信息进行管理和传输,简称厂站终端。厂站终端主要面向变电站、大中型电厂、高耗能企业的电能量数据采集终端,主要特点为适合接入电表数量较多、支持电表种类和协议类型丰富,上行通信通道多样,满足多主站接入需求。根据样式可分为壁挂式终端和机架式厂站终端。

壁挂式终端 GPRS 通信模块与 3.0 终端 GPRS 模块通用。模块上有第一路以太网接口。终端左模块称为厂站终端通信模块,模块下方左侧有 SD 卡接口,右侧有第二路以太网接口。模块中部 LED 灯指示 8 路 RS485 抄表和第二路以太网的通信状态。

壁挂式终端如图 1-14 所示。

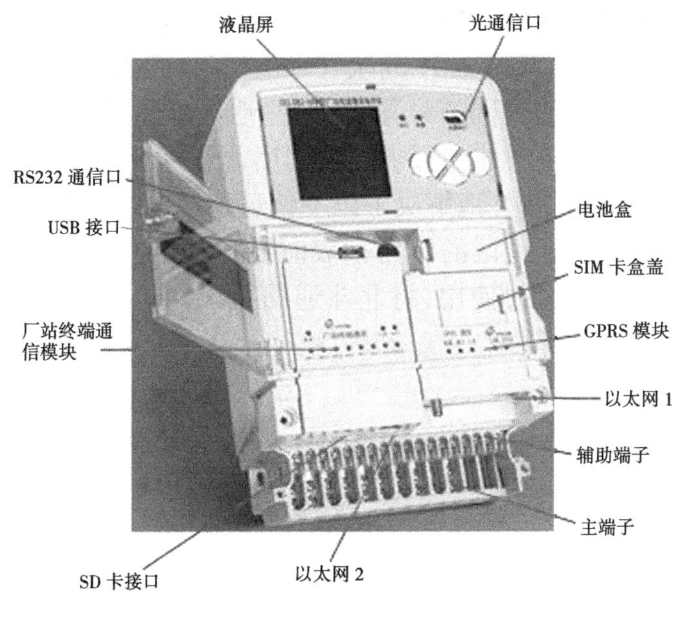

图 1-14

1.8　中压载波

中压载波通信设备以 10 kV 线路为媒介,通过载波传输技术解决现场无信号集中器(专变终端)的数据采集问题。这些疑难台区常见于山区及城市地下室,现场无通信信号或信号极不稳定,终端常常处于离线状态,主站无法对其实现远程采集。工作人员只能到现场手动抄表,路途遥远,效率低下,严重影响了供电公司实现全覆盖、全采集的目标。

1.9　北斗抄表终端

目前,电网行业的数据通信应用方式中,主要采用光纤、微波或手机公网(GPRS、3G 等)通道进行通信,而对于广大人烟稀少山区、牧区、深山中的峡谷水电站等,既无光纤通路,也无法保证稳定的公网信号覆盖,这些地区上述通信方式则显得无能为力。电力北斗抄表终端利用北斗卫星系统短报文服务为通信信道,较好地解决了以上偏远地区电力抄表难题。

在进行偏远地区的电力抄表时,可将北斗通信机作为通用的数据传输天线使用,将北斗通信机以网口方式与电力抄表集中器互连即可。

项目2　用电信息采集设备的抢修与维护

2.1　专变终端/集中器掉线处理

该类型问题,从采集系统召测显示终端不在线,即现场采集终端离线,终端与主站系统之间连接失败,无法通信,具体问题可分类如下。

2.1.1　GPRS 模块故障

GPRS 模块为终端上行通信模块,如果本身已经无法正常工作,GPRS 模块电源灯不亮,需及时更换新的 GPRS 模块。

2.1.2　SIM 卡故障

现场查看终端设备,信号正常,但"G"符号闪烁,屏幕下方会显示登录失败、注册失败等提示,原因可能如下:

(1)SIM 卡不是专网卡。

(2)专网 SIM 卡欠费。

(3)专网 SIM 卡损坏。

(4)专网 SIM 卡本身存在参数设置问题。

2.1.3　参数设置

进入终端主界面,点击进入终端参数设置项,查看并确认相关参数项。执行以下操作:参数设置与查看→参数设置→

通信通道详细设置→主站 IP 地址设置→主用 IP 10.230.24.28/10.230.24.26(常用设置);端口号 2028;APN:DLCJ.HA/dlcj.ha。这些信息正确,证明参数没有问题,正常情况下该参数是出厂默认,无须手动修改。

2.1.4 天线安装与放置

集中器应使用长天线,拉出铁箱外。现场存在部分使用短天线的集中器,打开铁箱门时集中器上线,关闭铁箱门时集中器掉线,需避免此类情况发生。

常见处置天线如图 2-1 所示。

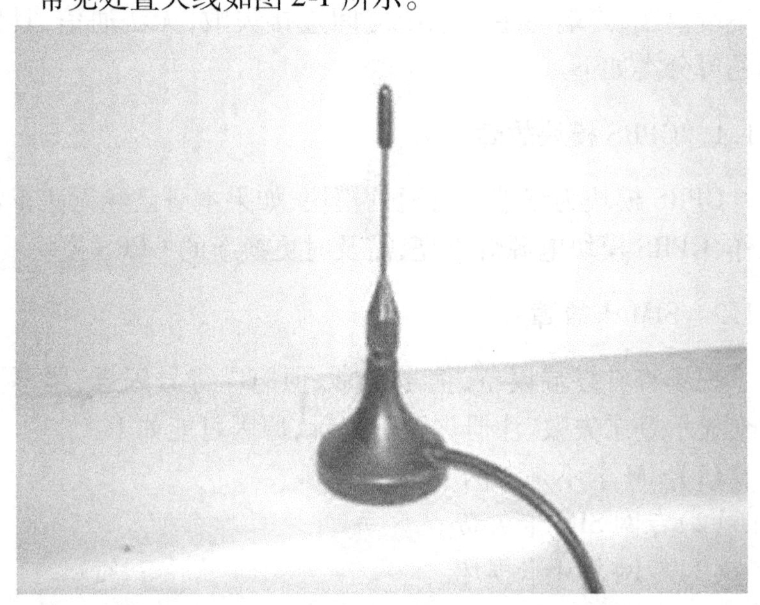

图 2-1

终端天线一般选用外置天线,外置天线底部带有吸盘,须将天线吸附在铁质物体上。

2.1.5　信号问题

现场查看终端设备,观察终端显示屏左上方的信号强度指示,会发现信号强度显示格为无信号,屏幕上方伴随有“G”符号闪烁。

网络环境不好导致集中器不能上线,主要表现为:该处无网络信号或者网络信号较弱。针对由网络信号问题导致的不能上线,一般要通过与办理专网 SIM 卡的工作人员沟通解决此问题。

2.1.6　掉线处理流程

排查基本流程如图 2-2 所示。

(1)排查集中器供电是否正常。

(2)使用手机判断现场网络信号问题,并使用手机上网测试。

(3)检查 GPRS 模块供电是否正常,检查 GPRS 模块插针与集中器插座之间接触是否正常,检查 GPRS 模块是否损坏(注意各厂家 GPRS 模块可能不通用)。

(4)检查 SIM 卡是否插好,检查 SIM 卡是否为专网卡,检查 SIM 卡是否欠费,检查 SIM 卡是否损坏。

(5)现场存在部分天线老化,不能起到相应作用,需要更换天线。

(6)检查集中器主站 IP、端口号、APN 参数是否正常。

(7)及时与主站维护人员联系,是否由主站原因导致集中器不能上线。

采集终端屏显标识见表 2-1。

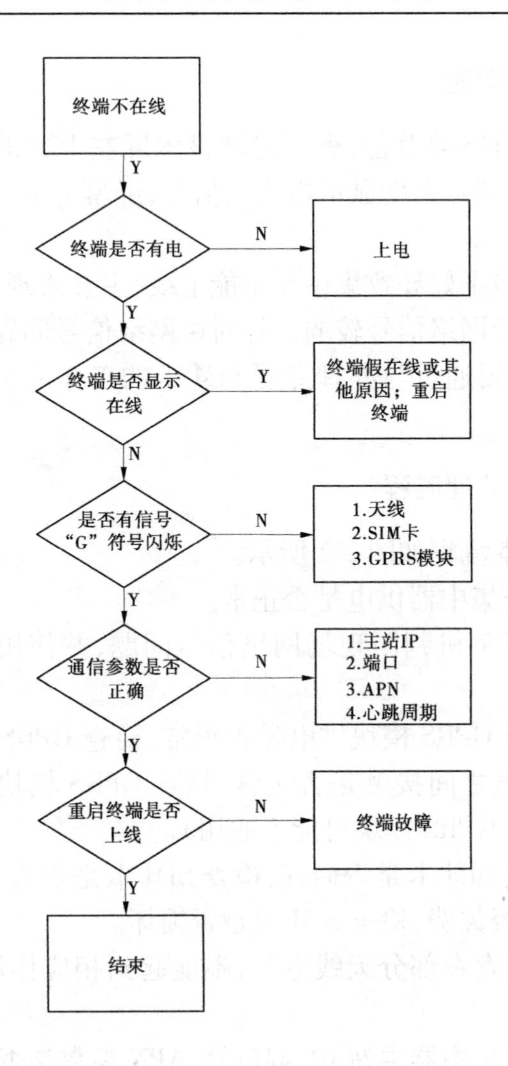
终端不在线
Y
终端是否有电
N
上电
Y
终端是否显示在线
Y
终端假在线或其他原因；重启终端
N
是否有信号“G”符号闪烁
N
1.天线
2.SIM卡
3.GPRS模块
Y
通信参数是否正确
N
1.主站IP
2.端口
3.APN
4.心跳周期
Y
重启终端是否上线
N
终端故障
Y
结束

图 2-2

表2-1

图标	说明
	信号强度指示,最高是4格,最低是1格。 当信号强度只有1~2格时,表示信号弱;当信号强度为3~4格时,表示信号强,通信比较稳定
G	通信方式指示: G表示采用GPRS通信方式,S表示采用SMS(短消息)通信方式,C表示CDMA通信方式。 当“G”闪烁时,为集中器GPRS模块正在登录,液晶屏下也有“GPRS连接TCP”的提示;当“G”不闪烁,显示稳定,表示集中器已经上线,液晶屏下也有“GPRS连接TCP成功”的提示
A	正在检测AT指令
M	正在检测SIM卡是否正常
R	正在注册网络
G	正在GPRS注册
!	异常告警指示,表示集中器或测量点有异常情况。当集中器发生异常时,该标识将和异常事件报警编码轮流显示闪烁在G图标的右侧
04	与异常告警指示轮显,是当前最近一个事件的编号,读取事件后不再显示
01	集中器中的测量点号
13:01	时间显示

2.2　专变用户/公变考核表采集异常处理

2.2.1　485 接线

485 接口有 A、B 之分，连接时应将终端的 RS-485 I 接口的 A 口与电能表的 RS-485 I 接口的 A1 口连接、B 口与电能表的 RS-485 I 接口的 B1 口连接。

终端与电能表之间的 485 通信线的连接，首先应分清楚 485 的 A、B 口，最好用不同颜色（一般红线为 A、黑线为 B）的单芯线加以区分接线，其次在接线的过程中每一个接线点都要保证接线牢固，避免短接、反接、虚接的情况出现。

13 版三相表常见弱电端子如图 2-3 所示。

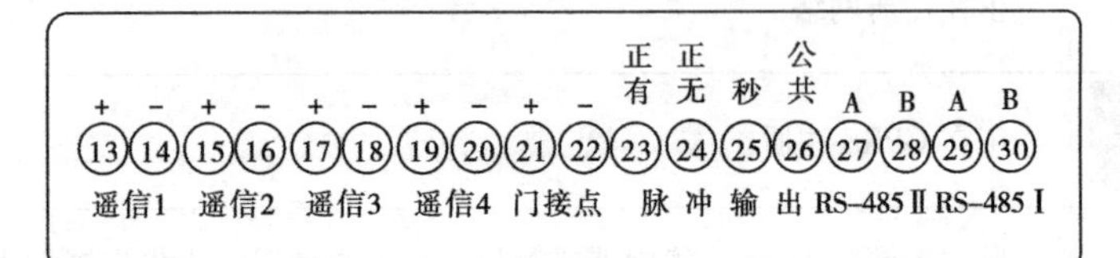

图 2-3

2.2.2　参数设置

总表参数一般包括：

（1）通信速率：电表资产号 413 开头电表默认为 2400。

（2）通信端口：默认为 1，个别为 2。

（3）通信规约：电表资产号 413 开头电表默认国标 DT/L 645—2007 规约，非 413 电表需依据电表标识为准。

（4）通信地址：电表资产号 413 开头电表为资产号去掉最后 1 位，往前数 12 位；非 413 开头电表需依照表内地址码或厂家提供地址码为准。

电采系统参数下发页面如图 2-4 所示。

图 2-4

2.3　低压载波表故障处理

2.3.1　系统参数问题

系统抄表参数设置方面，需按照用电信息采集系统要求下发给终端，如果出现下发错误或未下发，则会导致终端出现不抄表问题。常见的抄表参数设置包括："终端配置参数"第一项"终端事件记录配置设置"和"测量点参数"第一项"终端电能表/交流采样装置配置参数"。

下发时需保证电表通信地址、通信端口、表规约和表类型正确完整,通过系统召测可确认各项参数情况,也可通过系统参数下发功能,进行参数重新下发操作。

2.3.2 终端问题

1.终端离线

该类型问题,从用电信息采集系统召测显示终端不在线,即现场采集终端离线,终端与主站系统之间连接失败,无法通信,电表数据无法上传至主站系统。

2.终端三相电压失压

如果终端某相电压缺失,会造成终端出现抄表功能异常,导致终端出现不抄表问题。可通过检测终端三相电压,重新连接失压电路进行解决。

3.终端路由模块

终端路由模块是电力线载波通信的核心,路由模块出现损坏、异常,会导致终端出现不抄表问题。现场查看路由模块是否烧毁,查看路由电源灯是否正常点亮,查看信号收发灯是否正常闪烁,如不正常,重新插拔尝试;如仍无效,则需要更换路由进行确认。

4.终端数据不上报

终端成功抄读到电能表数据,并成功存储,但没有成功上传到主站系统,造成抄表失败。现场检查终端内电能表电量数据,确认是否成功抄读。如果存在终端抄读成功、主站抄读失败的情况,则需要对终端进行数据初始化操作,或进行软件升级。

5.终端时钟错误

终端时钟错误,会导致终端与主站时钟、电表时钟不一致，造成数据上传、数据抄读失败。通过后台重新下发时钟，更改终端时钟。如果无法更改，则终端损坏，需要更换新的终端设备。

6.终端软件死机

终端软件程序中断，可能会造成在线正常，但抄表功能无法正常运行。进行终端重启操作，使终端重新运行抄表程序，开始重新抄表。

2.3.3　电能表问题

1.档案问题

由于电能表通信地址、通信端口、表规约和表类型不正确、台区划分和台区动迁等情况造成营销系统和用电信息采集系统档案不一致、档案不全或者档案重复的情况，需通过营销及用电信息采集系统进行档案维护，确保营销系统、用电信息采集系统与现场电表信息的统一性。

2.载波模块问题

由于载波模块需用电表电压供电运行，如台区出现电压波动，电能表电压远高于工作电压（U_n = 220 V，176～264 V），载波模块烧坏概率增大。现场可通过重新插拔载波模块，观察电表显示屏是否出现"心跳"符号及载波模块信号灯是否正常显示来判断载波模块损坏与否。如现场重新插拔载波模块后，电表显示屏无"心跳"符号，模块灯不闪烁，则说明载波模块已经损坏，需及时更换新的载波模块。

3.485 表通信接口问题

485 表通信接口损坏，可以通过 485 通信检测设备或万用表确认问题情况。一般情况下，485 表通信口电压为 DC 2～5 V，如出现 485 表通信口电压测量为 0，且电能表采集失败，应联系电表厂家进行维修或更换电能表。

4.电能表自身问题

1)电能表通信地址错误

电能表档案中的电能表通信地址与实际安装位置的电能表通信地址不一致,可利用现场手持设备红外读取表内地址,或通过电表按键,将12位表地址按出,确认正确表地址后,需要在营销系统中更新电能表档案信息,并同步至采集系统中。

2)电能表未上电

电能表在现场可能不工作或其他特殊原因需要不上电,但主站系统未知,所以造成抄表失败。

3)电能表本身损坏

电能表不能正常工作、烧毁、不显示示数或者使用专用测试工具进行通信测试无法成功的电能表,都必须及时更换。

4)时钟问题

终端抄读电能表数据,电能表需要保证时钟正常,时钟超差较大,会导致数据无法正常抄读。时钟错误可利用现场手持终端对电表进行校时操作,如手持终端与电能表密码不匹配导致校时失败,需联系电表厂家调整电能表时钟。

2.3.4 台区问题

1.台区户变关系问题

不属于本台区的电表,错误添加到本台区档案中,会导致这部分电表抄读异常。应该将这部分电表档案信息从营销系统和采集系统进行同步修改,保证户变关系的准确性。

2.台区线路干扰问题

台区线路干扰主要包括台区线路设备干扰和用户设备干扰两类。

1)线路设备干扰

台区线路设备干扰指线路上设备引发的干扰,常见干扰源有有线电视信号放大器设备、移动联通信号放大设备等，这部分设备的故障或工作异常，引起电力线信号干扰等问题，影响电力线载波信号的正常传输，造成批量电表抄读失败。问题表现为失败表呈区域分布，使用载波抄控器在抄读失败电表处无法接收到抄表信号。

具体解决方法：首先，根据失败电表分布区域情况、人工巡视线路挂接负载情况，逐个进行手动断电操作，检测断电后抄读失败电表区域电力线信号传送情况，确认具体干扰源。如无法人工确定，则需借助于设备进行判断。使用载波抄控器设备，在抄读失败电表区域逐个电表定点监控，或通过向抄读成功的电表发送抄读命令，观察是否能获得回码数据，逐步缩小干扰源区域，确定具体干扰源，并通过手动断电，检测电力线信号传输情况，最终确定干扰源。

2）用户设备干扰

用户设备干扰指电力用户家庭用电设备故障、损坏等，造成电力线载波信号传输受到干扰。干扰源通常包括家用电动车充电器、电动机等的故障或损坏，引起电力线干扰等问题，影响电力线载波信号的正常传输，造成部分或批量电表抄读失败。

具体解决方法：首先根据抄读失败电表分布区域，通过载波抄控器等信号监控设备，采用信号监控方式，确认是否为干扰区域，以及采用向抄读成功的电表发送抄表命令的方式，确认能否抄读成功，缩小干扰区域。对锁定的最终干扰区域，需进行逐户排查，通过采用逐户表前停电的方式，同步观察电力线干扰情况。对于用户设备干扰，如果该户表前断电，则干扰消失，电力线信号传输恢复正常，则可锁定该户家庭电路存在问题。采取对用户家庭设备逐个停电的方式，关注电力线信号收发情况,最终在用户家中找出损坏设备。

设备干扰一般可通过在台区线路上搭建中继进行处理,将载波信号正常的电表与抄读失败的电表进行通信链路连接,实现电表的数据采集工作。

3.台区线路自身缺点

1)线路过长

电力线载波信号传输,对线路距离有一定限制,一般载波方案要求电表距离变压器不超过 2 km,如果线路过长,会导致载波信号严重衰减,造成线路末端电表抄读不稳定或抄读失败。

2)线路老化

电力线载波信号的传输,对线路自身的通信质量有一定要求,包括电力线噪声情况、电力线阻抗情况等。如果电力线路老化、线路杂乱,则会导致线路上噪声过大、阻抗过高,引起电力信号传输的大幅度衰减、损耗,进而导致批量电表抄读不稳定或抄读失败。

3)线路电压异常

电力线路电压的稳定是通信能力的根本保证,线路电压过低或过高,会造成信号传输通道的不稳定,致使载波信号传输异常,从而引发大批量电表抄读失败。需检测电力线路电压稳定性,根据造成电压不稳的原因进行治理。

2.4 费控执行问题

2.4.1 费控常见问题

1.影响费控执行成功的几大因素

(1)确保用电信息采集系统电表能正常抄通、密钥正常。

(2)确保关联集中器程序支持并兼容费控功能,避免集中器掉线、假死、无响应等。

(3)电表时钟影响:核对电能表时钟,尤其对出现错误代码 err-08 的电表。

(4)电表继电器损坏, 用电信息采集回应执行成功,但电表现场未执行。

(5)允许合闸和立即合闸区别:09 规约电表(资产号非 413 开头)支持允许合闸,不支持立即合闸。

(6)GPRS 信号弱:增强 GPRS 信号、延长天线、集中器移位、更换不同运营商 SIM 卡等。

(7)载波信号问题:确保台区采集成功率,且抄读稳定。

(8)电表保电状态。

(9)三相表未接跳闸控制信号线,外置开关不规范或未安装等。

2.费控执行指令失败,返回信息说明

1)645 报文为空

解释:终端返回的透传报文中缺失电表的 645 规约报文。

产生原因:终端返回时丢失或无法得到电表返回信息。

2)ESAM 验证失败

解释:电表在出厂时密钥下装不正确或未下装密钥。

产生原因:电表密钥下装不合格。

3)电能表返回失败

解释:电能表返回的信息不合规约。

产生原因:电能表在制造时编程错误等。

4)加密机读取失败

解释:电表在密钥认证时返回的报文不正确。

产生原因:密钥下装错误或硬件编程错误等。

5）通信超时

解释：终端与主站之间通信超时。

产生原因：通信信号不好或 SIM 卡出问题等。

6）终端有回码但数据无效

解释：终端返回给主站的信息是无效信息。

产生原因：终端或电能表返回的信息不合规约，可能是终端或电表硬件编程错误。

3.跳合闸操作一直提示失败

产生原因：合闸或分闸操作不成功的，首先需确保终端和电表之间通信正常，如操作多次一直失败，可考虑是否是现场通信故障。可通过数据召测，直抄电表进行验证。

预防措施：如果直抄电表失败，则有可能是现场通信不畅等造成的，可换个时间段操作或者排除现场故障之后再进行相应操作。

2.4.2 费控时间节点

1.预警短信发送时间

停电预警与停电短信：当营销算费模块经过算费发现费控用户欠费，产生预警短信，由营销系统短信平台向用户发送预警短信，用户成功接收预警短信后 7 天内（居民用户默认 7 天，专变用户默认 5 天，各单位也可以根据需要设置）用户还没有交费，则向用户发送停电短信，用户收到停电短信 30 min 内仍没有交费，系统发送停电工单，实施停电。

复电短信：实时产生，实施执行（如果用户是安全复电，则需要用户回复短信确认）。

2.营销推送用电信息采集工单时间

停电：07:00~15:00。

复电：测算电费后实时推送（24 h 实时推送）。

3.用电信息采集系统工单有效执行时间

停电工单系统执行时间:07:00~15:30。

停电工单现场采集运维现场作业终端执行时间:07:00~18:00。

复电工单自动、远程、人工执行:工单产生24 h内。

4.用电信息采集系统执行失败工单推送至采集运维闭环管理系统时间

停电:第一批,09:00~10:00;第二批,14:00~15:00。

复电工单用电信息采集执行失败后实时推送(24 h实时推送)。

5.采集运维闭环管理系统工单处理有效时间

停电:09:00~18:00。

复电:工单产生24 h内。

6.不计入考核工单

15:30后用电信息采集系统还未执行的停电工单。

停电工单执行失败但用户在18:00前缴费,营销通知用户缴费标记取消。

历史停电从未成功过的电能表相关联的工单(已经开发完成)。

特别说明:工作人员须在17:30前完成催交,由于用户交费后营销系统有计算延迟,可能会导致接近18:00交费的停电失败用户工单不能被标记取消。

项目 3　用电信息采集系统操作介绍

3.1　数据召测

选择【采集业务】→【数据采集管理】→【数据召测】，点击右侧 采集点 图标，选择相应终端条件，查询、选择即可显示，随之页面将获取从右侧所选的采集点，如图 3-1 所示。

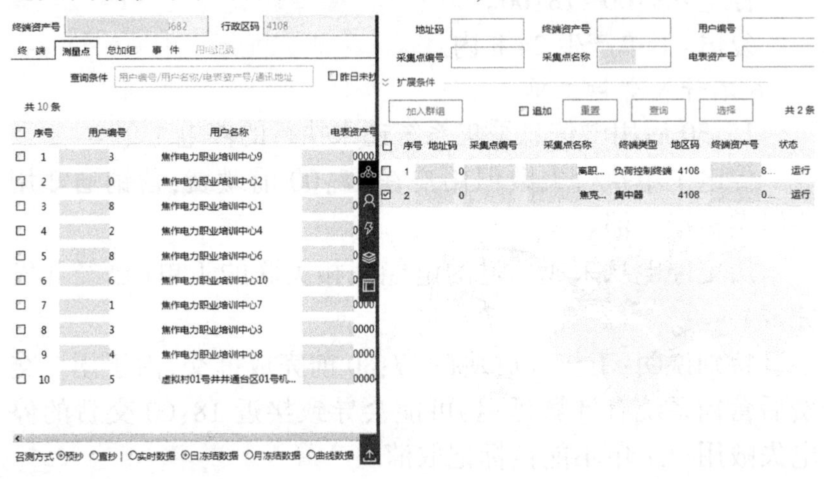

图 3-1

数据召测时的几个定义：

（1）预抄：主站向采集终端请求数据，若终端内无此数据，则不会返回结果值。

（2）直抄：主站命令采集终端即刻抄读电表数据，即使终端内无此表参数，若信道通畅，也可返回结果值。

(3)实时数据:在用电信息采集系统中,由终端按大约 1 min 的采样周期所采集到的各种数据,如实时电能示值、电压等。

(4)日冻结数据:智能电表具备自动冻结数据功能,电表时钟在每日 0 时 0 分自动储存数据。

主站返回时的几个结果:

(1)终端不在线:采集终端离线,终端与主站系统之间连接失败,无法通信。

(2)终端否认:电表参数未下发或下发失败,需在参数下发页面召测确认。

(3)终端有回码,但数据无效:电表未抄通,集中器返回“全 E”的空值,所以无效。

(4)通信超时:主站与采集终端之间连接信号较差,可再次召测确认。

3.2　参数下发

用电信息采集系统选择【采集业务】→【终端运行管理】→【终端参数设置】,点击右侧 采集点 图标,选择相应终端条件,查询、选择即可显示,如图 3-2 所示。

终端选择之后,返回参数设置页面,选择需要召测或下发的终端数据项参数(一般选择“终端配置参数”第一项“终端事件记录配置设置”和“测量点参数”第一项“终端电能表/交流采样装置配置参数”),勾选未下发或下发不正常的电表,点击【参数下发】,见图 3-3。

如下发正常,则显示终端确认,见图 3-4。

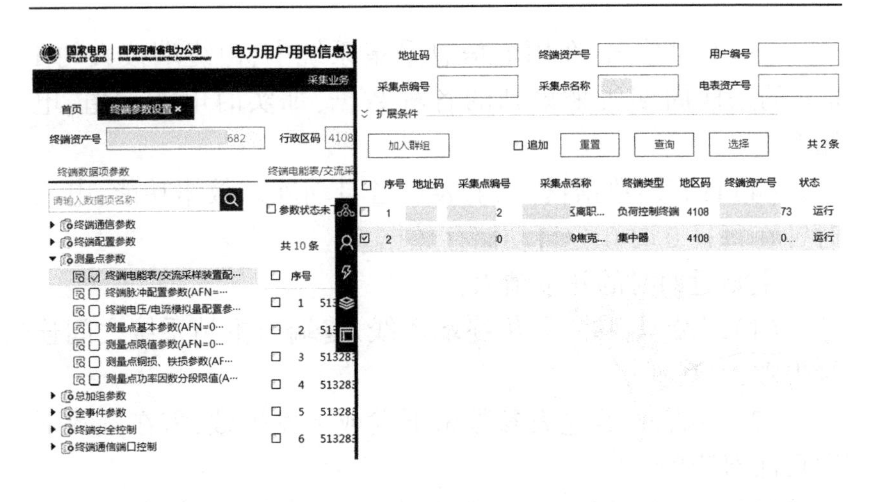

图 3-2

序号	用户编号	用户名称	测量点名称	测量点类型
1	3	焦作电力职业培训中心9	焦作电力职业培训中心9计量点	冻结电表
2	0	焦作电力职业培训中心2	焦作电力职业培训中心2计量点	冻结电表
3	8	焦作电力职业培训中心1	焦作电力职业培训中心1计量点	冻结电表
4	2	焦作电力职业培训中心4	焦作电力职业培训中心4计量点	冻结电表
5	8	焦作电力职业培训中心6	焦作电力职业培训中心6计量点	冻结电表
6	6	焦作电力职业培训中心10	焦作电力职业培训中心10计...	冻结电表
7	1	焦作电力职业培训中心7	焦作电力培训中心7计量点	冻结电表
8	3	焦作电力职业培训中心3	焦作电力职业培训中心3计量点	冻结电表
9	4	焦作电力职业培训中心8	焦作电力培训中心8计量点	冻结电表
10	5	虚拟村01号井井通台区01号...	焦作电力职业培训中心5计量点	冻结电表

图 3-3

参数设置

任务执行时间:【4】秒　总数:11　成功数:11　失败数:0　未完成数:0

测量点名称：焦作电力职业培训中心2计量点　数据项名称:　终端电能表/交流采样装置配置参数

终端确认

测量点名称：焦作电力职业培训中心1计量点　数据项名称:　终端电能表/交流采样装置配置参数

终端确认

测量点名称：焦作电力职业培训中心4计量点　数据项名称:　终端电能表/交流采样装置配置参数

终端确认

测量点名称：焦作电力职业培训中心6计量点　数据项名称:　终端电能表/交流采样装置配置参数

终端确认

测量点名称：焦作电力职业培训中心10计量点　数据项名称:　终端电能表/交流采样装置配置参数

终端确认

测量点名称：焦作电力培训中心7计量点　数据项名称:　终端电能表/交流采样装置配置参数

终端确认

测量点名称：焦作电力职业培训中心3计量点　数据项名称:　终端电能表/交流采样装置配置参数

终端确认

测量点名称：焦作电力培训中心8计量点　数据项名称:　终端电能表/交流采样装置配置参数

图 3-4

3.3　光伏表档案维护

由于光伏表添加至用电信息采集系统后,电表参数中通信端口默认为 1,需要在【终端参数设置】页面将“通信端口”修改为 31,再进行参数下发,见图 3-5。

另外,针对光伏上网表不抄反向有功数据问题,需将该上网表设置为重点表并下发。选择【终端参数配置】→【终端台区集中抄表重点户设置】,见图 3-6。

勾选光伏上网表点击【参数下发】完成下发即可。

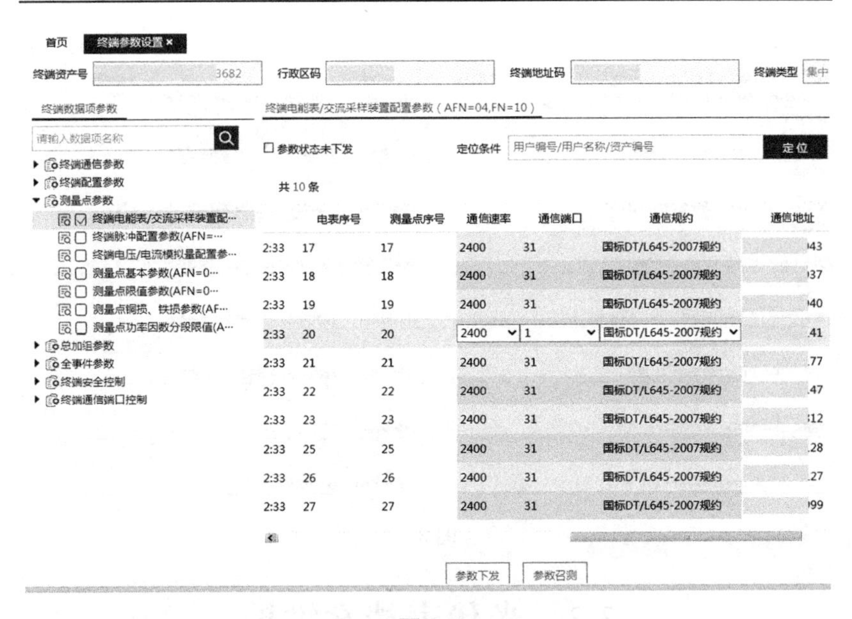
首页
终端参数设置 ×
终端资产号
3682
行政区码
终端地址码
终端类型
终端数据项参数
终端电能表/交流采样装置配置参数（AFN=04,FN=10）
请输入数据项名称
参数状态未下发
定位条件
用户编号/用户名称/资产编号
定位
终端通信参数
终端配置参数
测量点参数
终端电能表/交流采样装置配…
终端脉冲配置参数(AFN=…
终端电压/电流模拟量配置参…
测量点基本参数(AFN=0…
测量点限值参数(AFN=0…
测量点铜损、铁损参数(AF…
测量点功率因数分段限值(A…
总加组参数
全事件参数
终端安全控制
终端通信端口控制
共 10 条
电表序号
测量点序号
通信速率
通信端口
通信规约
通信地址
2:33 17 17 2400 31 国标DT/L645-2007规约 43
2:33 18 18 2400 31 国标DT/L645-2007规约 37
2:33 19 19 2400 31 国标DT/L645-2007规约 40
2:33 20 20 2400 1 国标DT/L645-2007规约 41
2:33 21 21 2400 31 国标DT/L645-2007规约 77
2:33 22 22 2400 31 国标DT/L645-2007规约 47
2:33 23 23 2400 31 国标DT/L645-2007规约 12
2:33 25 25 2400 31 国标DT/L645-2007规约 28
2:33 26 26 2400 31 国标DT/L645-2007规约 27
2:33 27 27 2400 31 国标DT/L645-2007规约 99
参数下发
参数召测

图 3-5

首页
终端参数设置 ×
终端资产号
3682
行政区码
终端地址码
终端类型
终端数据项参数
台区集中抄表重点户设置(AFN=04,FN=35)
请输入数据项名称
是否重点用户
定位条件
用户编号/用户名称/资产编号
定位
参数状态
已下发
操作人员
操作时间
终端通讯参数
终端配置参数
终端事件记录配置设置(AF…
终端状态量输入参数(AFN…
终端台区集中抄表重点户设置…
终端声音告警允许/禁止设置…
停电数据采集配置参数(AF…
电能表异常判别阈值设定(A…
停电事件甄别限值参数(AF…
测量点参数
总加组参数
全事件参数
终端安全控制
终端通信端口控制
序号
重点用户设置
重点用户现状
用户编号
用户名称
1 是 0 焦作电力职业培训中心2
2 是 8 焦作电力职业培训中心1
3 否 3 焦作电力职业培训中心9
4 否 2 焦作电力职业培训中心4
5 否 8 焦作电力职业培训中心6
6 否 6 焦作电力职业培训中心10
7 否 1 焦作电力职业培训中心7
8 否 3 焦作电力职业培训中心3
9 否 4 焦作电力职业培训中心8
10 否 5 虚拟村01号井井通台区01号…
参数下发
参数召测

图 3-6

3.4 数据查询

3.4.1 基础数据查询

选择【统计查询】→【采集数据查询】→【基础数据查询】,根据供电单位、数据日期、采集点名称(右侧扩展栏可选)进行查询,即可查询所需台区或用户电能示值信息,如图3-7所示。

采集业务 业务应用 统计查询 系统管理

首页 基础数据查询 ×

供电单位 国网河南省电力公司 国网焦作供电公司 全部 全部

数据日期 2018-07-03 - 2018-07-03 采集点名称 VP08 抄表段编号

电表资产号 数据状态 全部 用户大类

抄表方式 全部 是否0示数 全部 显示详情

说明:跨日查询必须输入查询条件'对象名称'、'抄表段编号'、'电表资产号'其中一个

首页 上一页 1 /1 下一页 末页 每页10条,共10条 单位

序号	供电单位	用户编号	用户名称	用户地址	电表资产号	数据日期	数据状态
1	中站直供	88	焦作电力职业培训中心6	河南省焦作市 事...	00...	2018-07-03	未下发测量点
2	中站直供	20	焦作电力职业培训中心2	河南省焦作市 事...	00...	2018-07-03	未下发测量点
3	中站直供	58	焦作电力职业培训中心1	河南省焦作市 事...	00...	2018-07-03	未下发测量点
4	中站直供	63	焦作电力职业培训中心9	河南省焦作市 事...	00...	2018-07-03	未下发测量点
5	中站直供	34	焦作电力职业培训中心8	河南省焦作市 事...	00...	2018-07-03	未下发测量点
6	中站直供	33	焦作电力职业培训中心3	河南省焦作市 事...	00...	2018-07-03	未下发测量点

图3-7

3.4.2 连续未抄通明细查询

选择【统计查询】→【运行状况】→【连续未抄通明细】,根据供电单位、数据日期、连续未抄通天数、用户分类等条件进行查询,即可查询所需单位连续未抄通明细信息,如图3-8所示。

图 3-8

3.4.3 未实现采集明细查询

选择【统计查询】→【运行状况】→【未实现采集明细查询】,通过需要的相关条件查询未实现采集明细,如图 3-9 所示。

3.4.4 报表查询

选择【统计查询】→【报表管理】→【报表系统】,可查询采集成功率、工程建设等情况,点击【采集成功率】→【历史日采集成功率】→【日采集成功率统计_安装 30 天以上】,选择供电单位、数据日期,即可查看本单位采集成功率情况,如图 3-10 所示。

点击【工程建设】→【全量用户采集覆盖率_按计量点】,选择供电单位、数据日期,即可查看本单位采集覆盖率情况,如图 3-11 所示。

图 3-9

用电信息采集系统 | 报表查询

首页　日采集成功率统计_安装30天以上

供电单位　国网河南省电力公司　国网焦作供电公司　焦作市客户服务中心　全部

统计口径　全口径　数据日期　2018-07-10

查询

截止日期：2018-07-10

序号	供电单位	整体						
		安装30天以上智能电能表数量	采集成功电能表数量	自动采集失败且停电电能表数量	自动采集成功且停电电能表数量	日采集成功率	月均采集成功率	安装30天以上能电能表数
1	焦作市客户服务中心	429279	426099	246	2671	99.32	99.68	2
2	焦作市客户服务中心	5	5	0	0	100.00	100.00	
3	中心直供	1	1	0	0	100.00	100.00	
4	中心解放	30275	30242	0	95	99.89	99.91	
5	中心民主	22690	22406	5	116	98.77	99.73	
6	太行东所	25092	25066	1	230	99.90	99.85	
7	太行西所	23523	23199	5	144	98.64	99.25	
8	东城山阳路	30042	30018	2	308	99.93	99.94	
9	东城解放路	32409	32396	2	260	99.97	99.81	

图 3-10

用电信息采集系统 | 报表查询 欢迎您

首页 全量用户采集覆盖率_按计量点 ×

全部用户实现采集情况 业扩新增用户实现采集情况 2017年以前建档用户统计

供电单位 国网河南省电力公司 国网焦作供电公司 焦作市客户服务中心 全部

统计口径 全口径 数据日期 2018-07-10

查询

截止日期：2018-07-10

序号	供电单位	营业户数						
		高压用户				考核用户		
		10kV以下	10kV~35kV	35kV以上	小计	台区供电考核	其他考核	小计
1	焦作市客户服务中心	848	1552	46	2446	3423	854	4277
2	焦作市客户服务中心	0	0	0	0	0	5	5
3	中心直供	0	0	0	0	0	1	1
4	中心解放	0	11	0	11	171	0	171
5	中心民主	10	62	0	72	167	6	173
6	太行东所	18	59	0	77	166	21	187
7	太行西所	11	34	0	45	151	10	161

图 3-11

3.5 日冻结异常数据处理

由于营销系统对于日冻结数据状态为“非正常”的数据不予利用,影响抄表算费及线损计算,需要定期对每日冻结的异常数据进行审核,验证通过后才能推送至营销系统。数据状态“非正常”的各类情况如下:

(1)参数未下发:测量点 04F10 参数(终端电能表/交流采样装置配置参数)未下发(数据日期 24 时前),如果设置白名单,此异常不做判断。

(2)电表飞走:(当日示值-前 1 正常示值) * 综合倍率>(当日示值日期-前 1 正常示值日期)电表额定电压 * 电表最大电流 * 24 * 1 * x(如果是单相表为 1,否则为 3) * y(如果是设置白名单为 1.2,否则为 1) /1 000 。

(3)电表倒走:当日示值<前 1 正常示值,如果设置白名单,此异常不做判断。

(4)费率异常:(示值总-尖示值-峰示值-平示值-谷示值)的绝对值>0.5 * x(如果是设置白名单为 1.2,否则为 1),任意费率示值<前 1 正常费率示值。

注意:验证正常操作时间为 00:00~21:00。

选择【统计查询】→【采集数据查询】→【日冻结异常数据处理】,根据供电单位、对象名称、抄表段编号等条件查询,结果如图 3-12 所示。

采集业务　业务应用　统计查询　系统管理

首页　日冻结异常数据处理 ×

异常数据统计　数据查询　处理记录　白名单管理

供电单位　国网河南省电力公司　国网焦作供电公司　全部　全部

数据日期　2018-07-10　重置　查询

首页　上一页　1 / 1　下一页　尾页　每页 10 条 共 8 条　单位:%

序号	供电单位	数据总数	正常数据总数	未下发测量点数据总数	飞走数据总数	倒走数据总数	费率异常数据总数	数据正确率
1	焦作	1445549	1444649	291	93	207	309	99.94
2	客户中心	429080	428742	131	13	51	143	99.92
3	温县	176220	175950	132	10	84	44	99.85
4	孟州	167311	167267	11	1	9	23	99.97
5	修武	111163	111081	4	35	6	37	99.93
6	博爱	149490	149448	5	0	8	29	99.97
7	沁阳	166381	166338	4	8	6	25	99.97
8	武陟	244135	244054	4	26	43	8	99.97

图 3-12

选择【数据查询】Tab 页,如图 3-13 所示,勾选所需处理的异常数据,根据实际情况进行验证。

可选择【数据召测】直抄及现场核查等方式确认电表示值,如已恢复正常,点击【验证正常】即可。

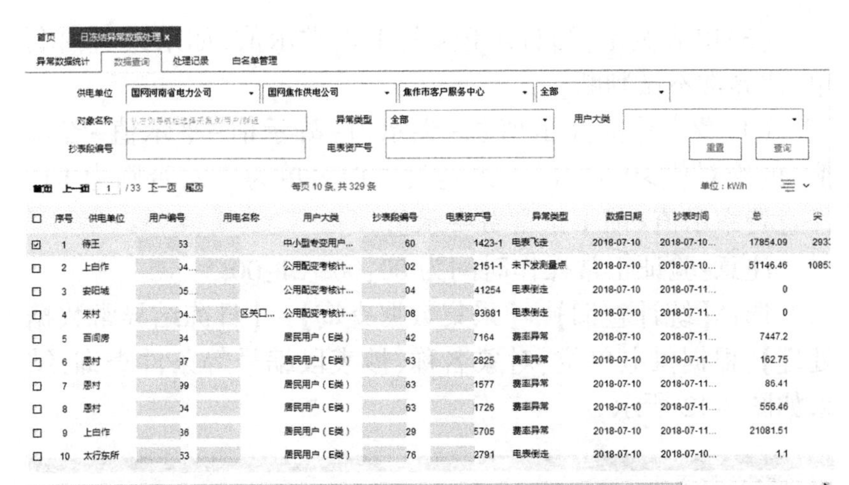
首页
日冻结异常数据处理 ×
异常数据统计
数据查询
处理记录
白名单管理
供电单位
国网河南省电力公司
国网焦作供电公司
焦作市客户服务中心
全部
对象名称
异常类型
全部
用户大类
抄表段编号
电表资产号
重置
查询
首页 上一页 1 /33 下一页 尾页
每页 10 条, 共 329 条
单位：kW/h
序号 供电单位 用户编号 用电名称 用户大类 抄表段编号 电表资产号 异常类型 数据日期 抄表时间 总 尖
1 待王 53 中小型专变用户... 60 1423-1 电表飞走 2018-07-10 2018-07-10... 17854.09
2 上白作 04... 公用配变考核计... 02 2151-1 未下发测量点 2018-07-10 2018-07-10... 51146.46
3 安阳城 05... 公用配变考核计... 04 41254 电表倒走 2018-07-10 2018-07-11... 0
4 朱村 04... 区关口... 公用配变考核计... 08 93681 电表倒走 2018-07-10 2018-07-11... 0
5 百间房 34 居民用户（E类） 42 7164 费率异常 2018-07-10 2018-07-11... 7447.2
6 墨村 37 居民用户（E类） 63 2825 费率异常 2018-07-10 2018-07-11... 162.75
7 墨村 99 居民用户（E类） 63 1577 费率异常 2018-07-10 2018-07-11... 86.41
8 墨村 04 居民用户（E类） 63 1726 费率异常 2018-07-10 2018-07-11... 556.46
9 上白作 36 居民用户（E类） 29 5705 费率异常 2018-07-10 2018-07-11... 21081.51
10 太行东所 53 居民用户（E类） 76 2791 电表倒走 2018-07-10 2018-07-10... 1.1
1.参数未下发：测量点04F10参数未下发(数据日期24点前),如果设置白名单，此异常不做判断 2 飞走：(当日示值-前1正常示值)*综合倍率>(当日示值日期-前1正常示值日期)电表额定电压*电表最大电流*24*1*x(如果是单相表为1，否则为3)*y(如果是设置白名单为1.2，否则为1)/1000 3.倒走：当日示值<前1正常示值,如果设置白名单，此异常不做判断 4 费率异常：(示值总-尖示值-峰示值-平示值-谷示值)的绝对值>0.5*x(如果是设置白名单为1.2，否则为1)，任意费率示值<前1正常费率示值
验证正常操作时间为00:00-21:00
加入白名单
验证正常

图 3-13

项目4　现场故障排查典型案例

本项目着重讲述现场问题的分析和解决思路，以现场实际案例，展开问题的分析和排除，具体的操作方法、解决办法，需要参考项目2内容开展。

案例1：

“A台区”下有一表箱整体抄不回，查看资产编号后发现这批电表与台区其他电表资产不是同一类型，但相关人员反映为一批电表，仔细查询发现该批电表出产编号为413电表，但资产编号非413，怀疑这批电表走换表流程时相关流程出错，营销默认表地址未去掉校验位，走流程修改表地址，去掉校验位，推送至用电信息采集系统后，表箱13块电表全部抄回。

案例2：

“B台区”之前一直是100%抄通率，但存在一段时间54只电表未抄通，重新清参下发后仍召不回数据，现场查看终端，发现C相接线头掉落，重新接线后测量零线电压，显示零线带60 V的电压，查看变压器接地情况，发现与接地铁片接口处螺丝松动，导致接地不良，上紧螺丝并在终端零线重新拉线接地，确保零线不带电，处理后电表已全部抄回。

案例3：

“C台区”抄读不稳定，现场经排查发现该集中器所接A相电压存在异常，一段时间在200 V以下，检查电路，电压恢复正常后，集中器恢复抄读。

案例 4：

"D 台区"，用电信息采集系统—抄表情况明细处，查看台区日抄读明细，发现台区长期 14 块电表未抄通，用电信息采集数据召测数预抄失败电表失败，直抄电表可抄读成功，判断台区路由抄读路径存在问题，对台区电表参数初始化后，再进行重新下发，电表恢复正常抄读。

案例 5：

"E 台区"小批量电表未抄通，测量集中器各相电压均正常，查询路由从节点等信息，发现该路由从节点 1 信息异常，造成路由与集中器一直同步，而不抄表，删除该错误从节点信息后，集中器恢复抄表。但后续发现该台区有 1 条街道共计 20 余块电表只有部分抄回，现场排查及向电工师傅了解这些电表属于本台区，除 4 块电表离得较远外，其余电表距离变压器并不是太远，但载波抄控器在集中器处不可抄，表箱与表箱之间抄读效果较差，后设置路由低速抄读及电表中继，电表全部抄回。

案例 6：

供电所用电信息采集排查常见情况及处理方式见表 4-1。

表 4-1

问题分类	原因分析	处理方式
户表关系错误	户表关系不正确，电表信息现场与系统保持一致方可抄通	调整用户档案信息
用户需销户	用户待销户，等待微机员走销户流程	营销走销户流程
参数未下或错下	用电信息采集系统新增电表时忘下参数，电表不可抄或抄错	重新下发参数
电表损坏	电表运行故障，电表黑屏，无法正常工作	更换电表
模块混装	台区需保证集中器路由方案与户表方案一致性	更换模块
模块损坏	电表电压过高等因素或引起模块损坏	更换模块

续表 4-1

问题分类	原因分析	处理方式
电表未上电	电表需保证表前接电	表前接电
电表未安装	系统中已经建档电表,需保持现场正常运行	安装电表
终端离线	终端由于 SIM 卡欠费、信号差,台区停电造成整台区不抄表	联系运维单位处理
载波信号差	由于台区线路较长,台区存在干扰等因素导致不抄表	调整线路或求助厂家技术解决
其他	农排表无零线或其他不常见问题	求助专工协调处理

项目5　附　录

5.1　采集新装流程

该流程用于处理用电信息采集新装,同样可用于营销系统挂接关系调整后用电信息采集系统采集点与计量点挂接关系调整。

(1)登录营销系统。

需有【电能信息采集】功能模块权限。

依次点击【电能信息采集】→【采集点设置】→【终端方案制定】→【选取已有采集点】,如图 5-1 所示。

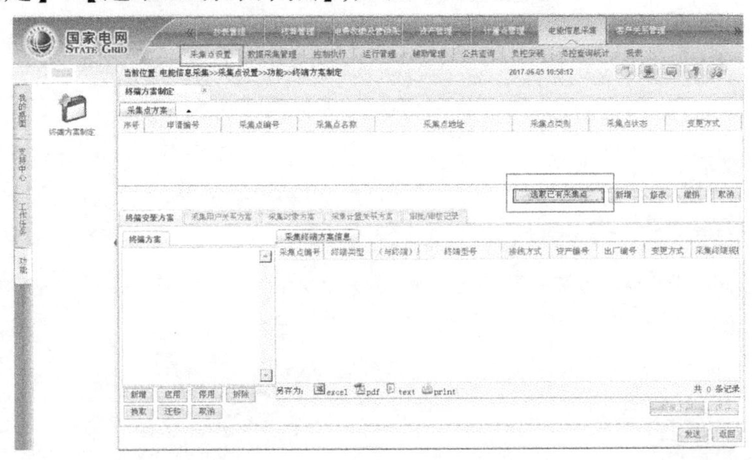

图 5-1

(2)在弹出的对话框内输入想要加表台区的终端地址,如图 5-2 所示。

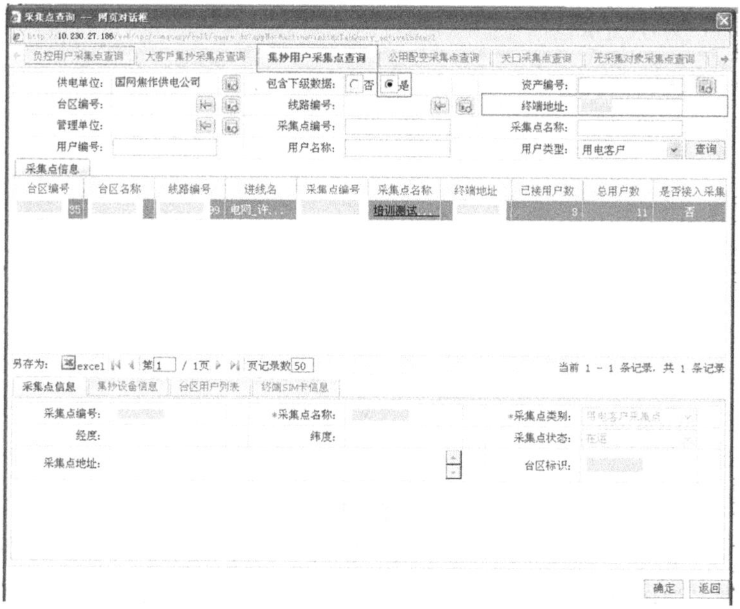

图 5-2

用电信息采集中查询终端地址如图 5-3 所示。

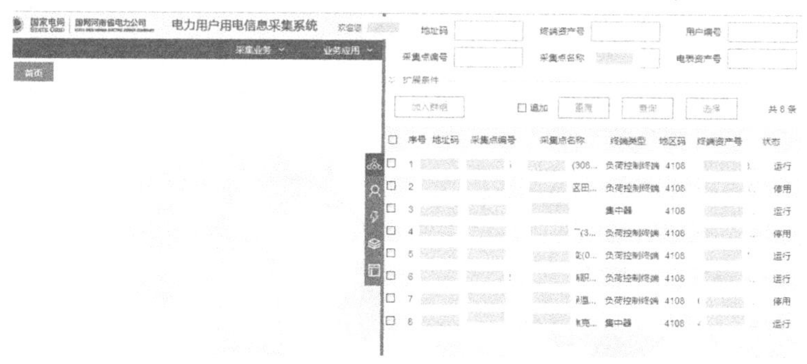

图 5-3

输入用户编号、采集点名称、电表资产号，即可查到该台区采集点地址码。

返回营销，选中采集点信息，点右下角【确定】后出现如

图 5-4 所示界面。

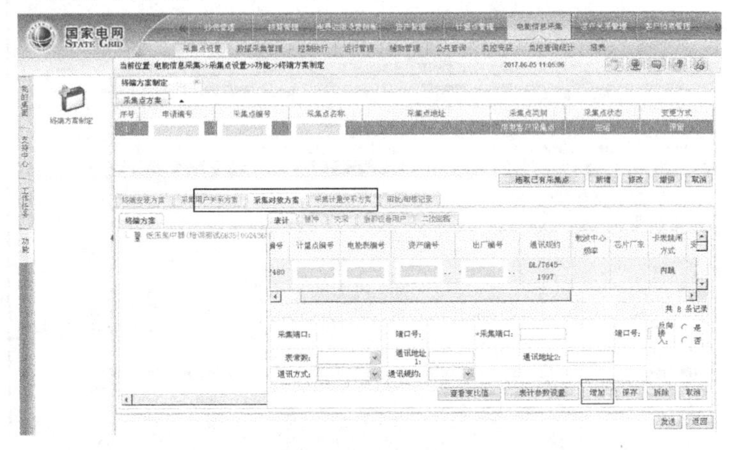

图 5-4

点击【采集对象方案】,再点右下角【增加】,将营销中需要进行用电信息采集的电表进行添加。需选择【供电单位】到具体供电所,点击【查询】,见图 5-5。

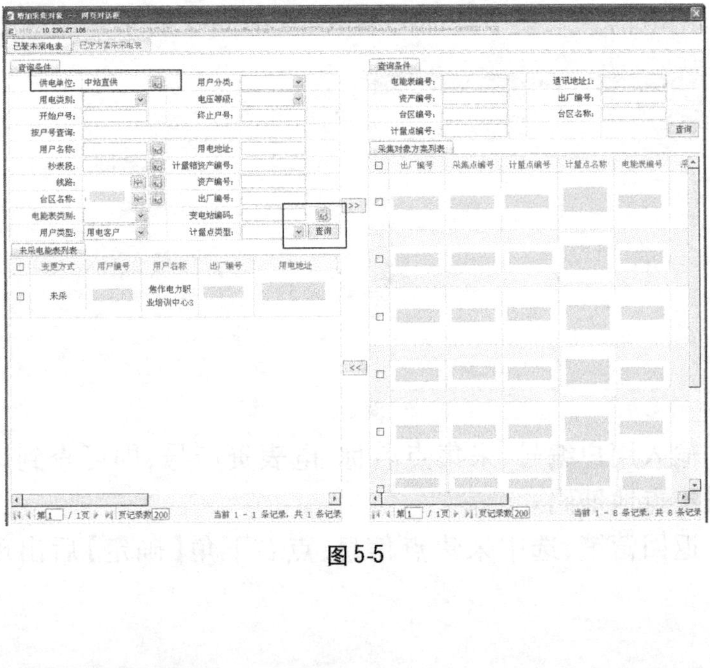

图 5-5

点击【 > > 】,见图 5-6。

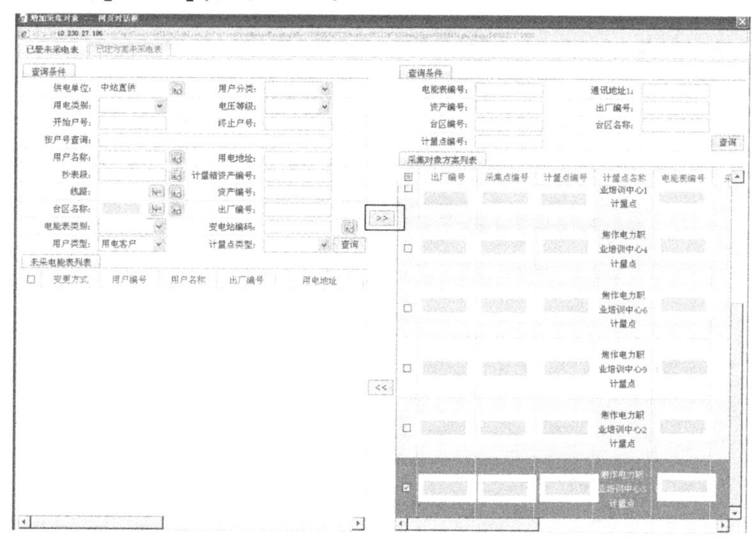

图 5-6

关闭对话框,回到如图 5-7 所示界面。

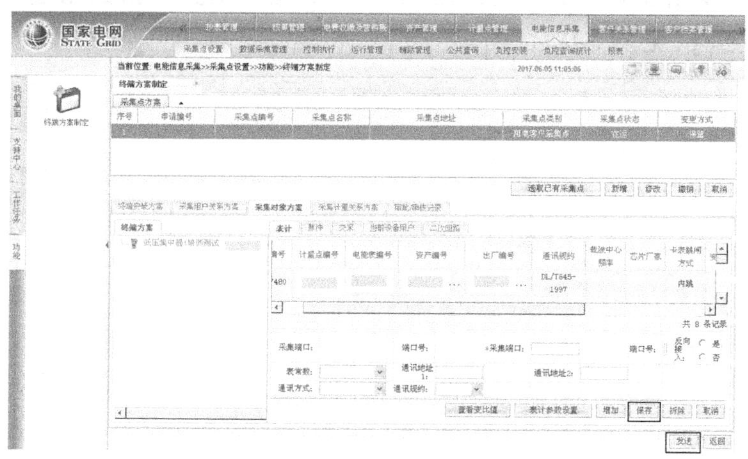

图 5-7

选择任意一条表信息,点击【保存】【发送】。

在待办工作单下出现如图 5-8 所示信息。

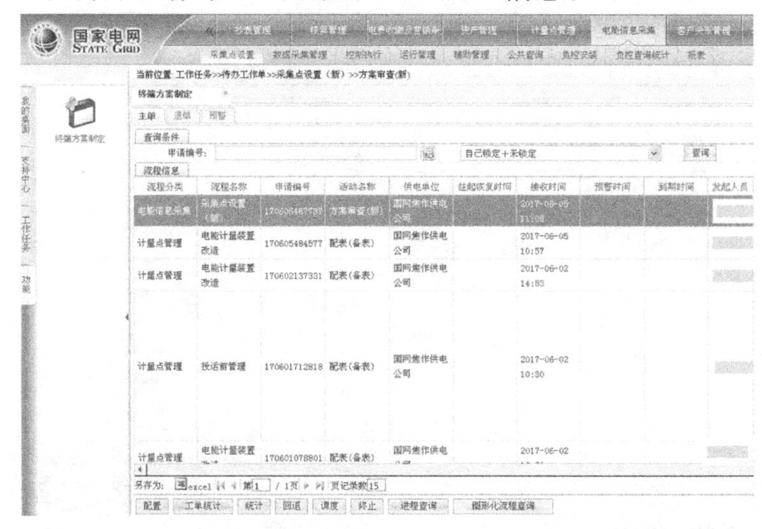

图 5-8

双击工单,并记住自己的工单号,在出现的对话框内点击【发送】,见图 5-9。

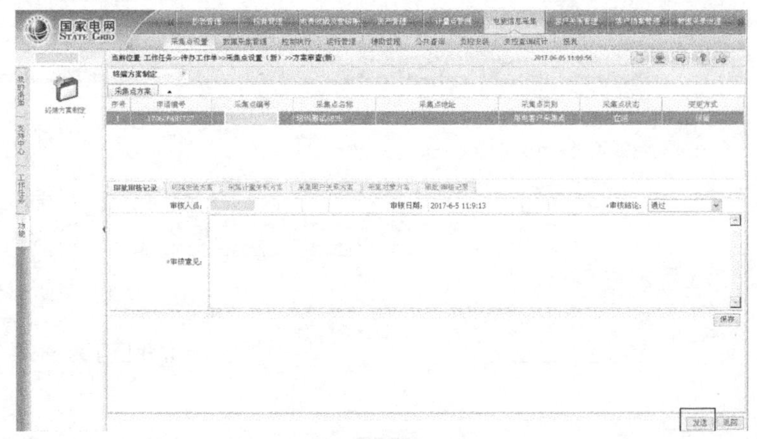

图 5-9

一直点击【发送】按钮,推送工单,直至【终端调试环节】,见图5-10。

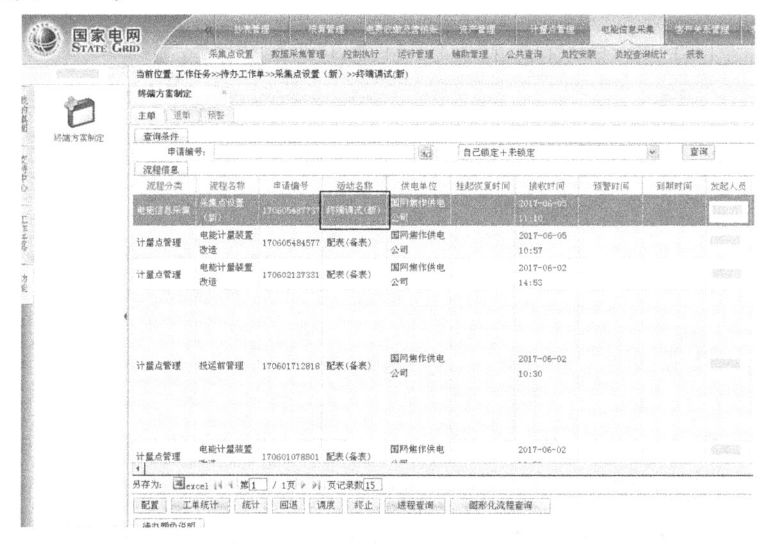

图5-10

双击【工单】,结果如图5-11所示。

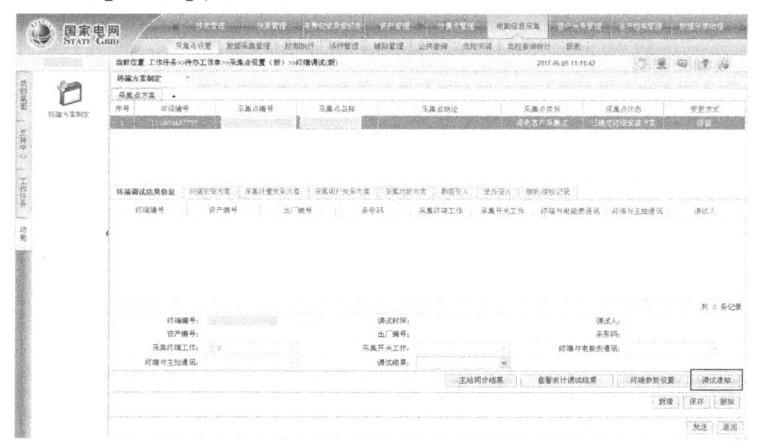

图5-11

点击【调试通知】,出现如图5-12所示界面。

— 网页对话框

http://10.230.27.186/web/epc/inf/tmnlDebug.do?action=syncbu&appNo=170605487737&applyNo=170605487737

供电单位:	国网焦作供电公司	申请编号:	170605487737	终端编号:	
开始日期:	2017-05-29	结束日期:	2017-06-06		查询

数据列表

供电单位	申请编号	数据时间	处理状态	处理人员	处理时间
国网焦作供电公司	170605487737	2017-06-05 11:11:00	未处理		

共 1 条记录

终端调试

http://10.230.27.186/web/epc/inf/tmnlDebug.do?action=syncbu&appNo=170605487737&applyNo=170605487737 Internet

图 5-12

点击【终端调试】,确定后出现如图 5-13 所示界面。

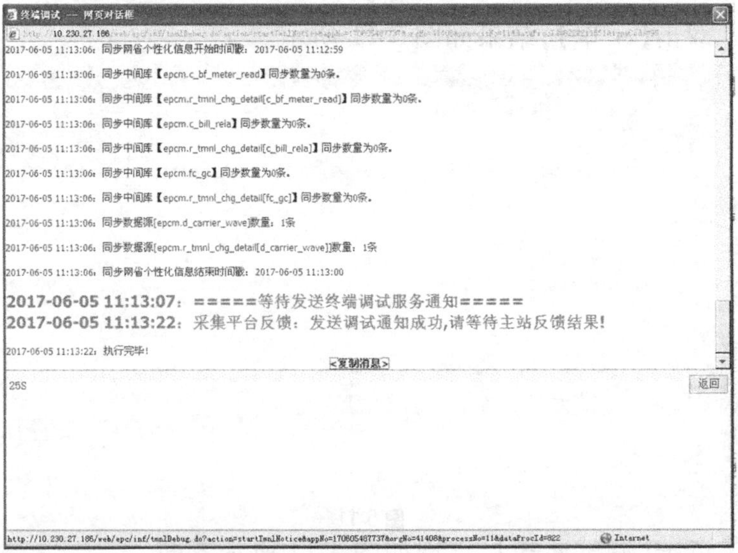

终端调试 — 网页对话框

http://10.230.27.186

2017-06-05 11:13:06：同步网省个性化信息开始时间戳：2017-06-05 11:12:59

2017-06-05 11:13:06：同步中间库【epcm.c_bf_meter_read】同步数量为0条。

2017-06-05 11:13:06：同步中间库【epcm.r_tmnl_chg_detail[c_bf_meter_read]】同步数量为0条。

2017-06-05 11:13:06：同步中间库【epcm.c_bill_rela】同步数量为0条。

2017-06-05 11:13:06：同步中间库【epcm.r_tmnl_chg_detail[c_bill_rela]】同步数量为0条。

2017-06-05 11:13:06：同步中间库【epcm.fc_gc】同步数量为0条。

2017-06-05 11:13:06：同步中间库【epcm.r_tmnl_chg_detail[fc_gc]】同步数量为0条。

2017-06-05 11:13:06：同步数据源[epcm.d_carrier_wave]数量：1条

2017-06-05 11:13:06：同步数据源[epcm.r_tmnl_chg_detail[d_carrier_wave]]数量：1条

2017-06-05 11:13:06：同步网省个性化信息结束时间戳：2017-06-05 11:13:00

2017-06-05 11:13:07：=====等待发送终端调试服务通知=====

2017-06-05 11:13:22：采集平台反馈：发送调试通知成功,请等待主站反馈结果!

2017-06-05 11:13:22：执行完毕!

<复制消息>

25S

返回

http://10.230.27.186/web/epc/inf/tmnlDebug.do?action=startTmnlNotice&appNo=170605487737&orgNo=41408&processNo=11&dataProcId=822 Internet

图 5-13

等待出现【执行完毕】字样后，该工单已推送至用电信息采集系统，进入用电信息采集系统，点击右上角【待办】，见图5-14。

图5-14

双击该条工单，选择【参数下发/召测】页面，点击【参数下发】，见图5-15。

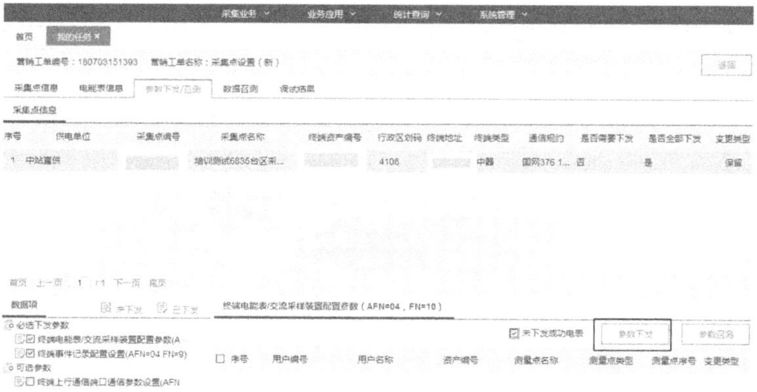

图5-15

参数下发完毕后选择【调试结果】，见图5-16。

图 5-16

“终端工作状态”“开关工作状态”“参数验证”“数据验证”选择“正常”，点击【保存】【调试结果通知营销】。工单返回至营销中，见图 5-17。

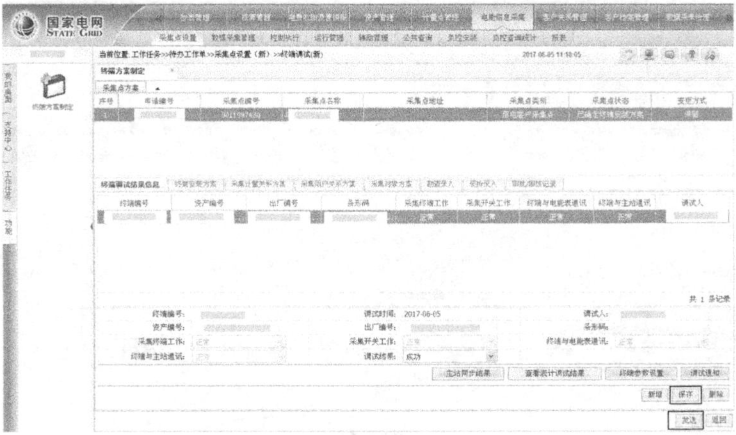

图 5-17

依次点击【保存】【发送】,然后双击该条工单(见图5-18),显示如图5-19所示界面。

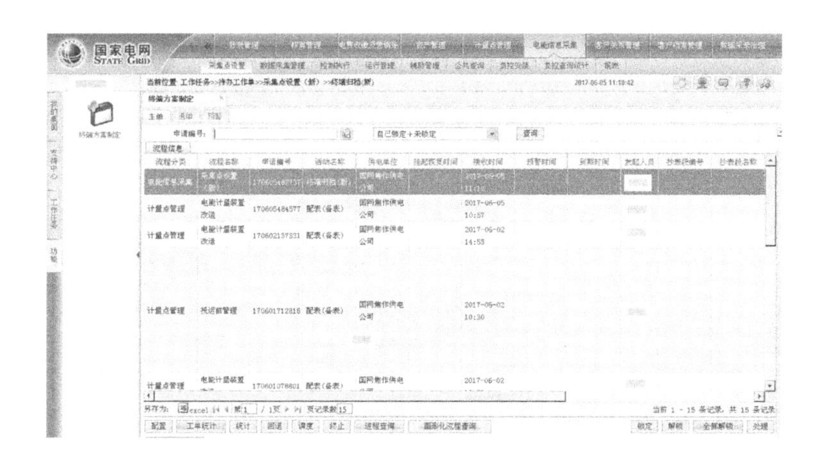

图5-18

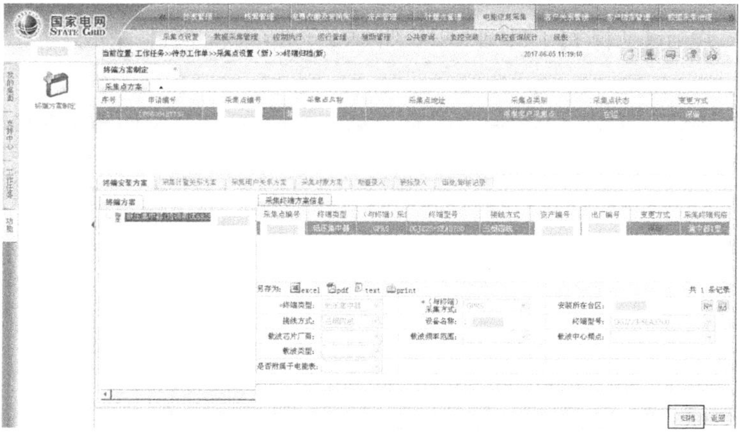

图5-19

点击【归档】，工单在营销系统中的流程已结束，如图 5-20 所示，再次返回用电信息采集系统。

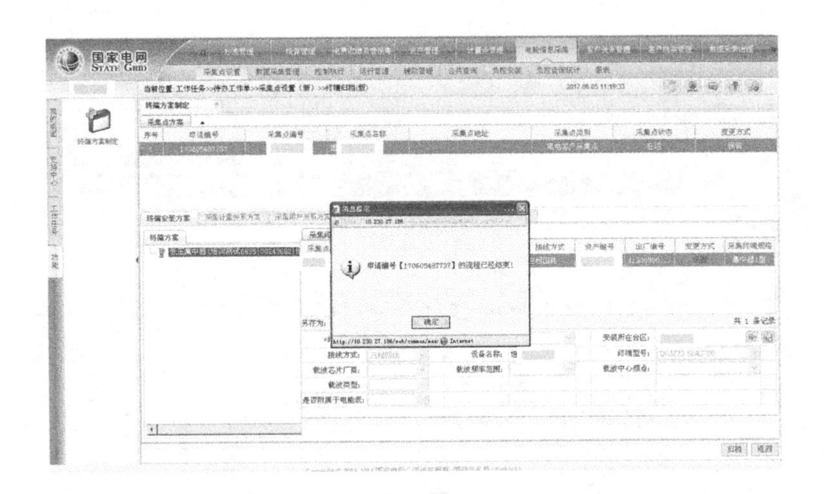

图 5-20

点击【归档】，如图 5-21 所示，全部流程至此完成。

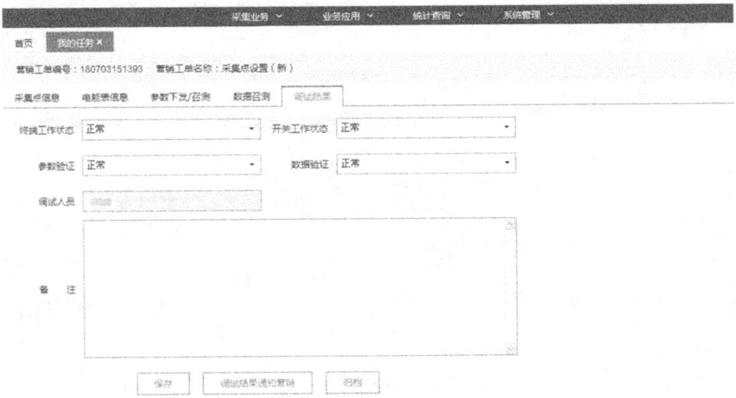

采集业务　业务应用　统计查询　系统管理

首页　我的任务

营销工单编号：180703151393　营销工单名称：采集点设置（新）

采集点信息　电能表信息　参数下发/召测　数据召测　调试结果

终端工作状态　正常　　开关工作状态　正常

参数验证　正常　　数据验证　正常

调试人员

备　注

保存　调试结果通知营销　归档

图 5-21

5.2　采集设备校时操作流程

5.2.1　终端校时

1. 功能描述

通过供电单位和终端类型进行终端的时间明细查询。

2. 功能操作

选择【采集业务】→【时钟管理】→【终端对时】,根据相关条件(供电单位、终端类型)进行搜索,查询终端时钟统计数据栏,如图5-22所示。

采集业务　业务应用　统计查询　系统管理

首页　终端对时 ×

终端时钟统计　终端时钟明细

供电单位　国网河南省电力公司　国网焦作供电公司　全部　全部

终端类型　全部　　终端状态　全部　　查询

首页　上一页　1　/1　下一页　尾页　　每页10条 共9条

序号	供电单位	终端数	5分钟以上	1分钟-5分钟	正常	无数据	连续对时终端
1	国网焦作供电公司	30733	108	1074	28404	2750	
2	国网焦作供电公司	108	2	5	83	19	
3	焦作市客户服务中心	5994	62	84	5529	571	
4	国网河南省电力公司温县供电公司	4545	4	422	4109	186	
5	国网河南省电力公司孟州市供电公司	3760	0	152	3496	290	
6	国网河南省电力公司修武县供电公司	3230	39	254	2694	389	
7	国网河南省电力公司博爱县供电公司	2963	0	31	2888	287	
8	国网河南省电力公司沁阳市供电公司	4111	1	122	3917	253	
9	国网河南省电力公司武陟县供电公司	6022	0	4	5688	755	

图5-22

点击列表栏内对应的彩色数字,查看终端时钟明细,如图5-23所示。

选中列表栏内终端工单,可对该工单进行召测时钟和下发时钟,如图5-24所示。

图 5-23

图 5-24

5.2.2 电表校时

方法1：系统校时。

(1)功能描述。

通过用户编号、电表资产号等进行电表的时钟召测及下发的功能。

(2)功能操作。

选择【采集业务】→【时钟管理】→【电表对时】→【电表时钟明细】,根据相关条件(用户编号、电表资产号等)进行搜索,选中电表明细中的列表数据,可对该工单进行召测时钟和下发时钟,如图5-25所示。

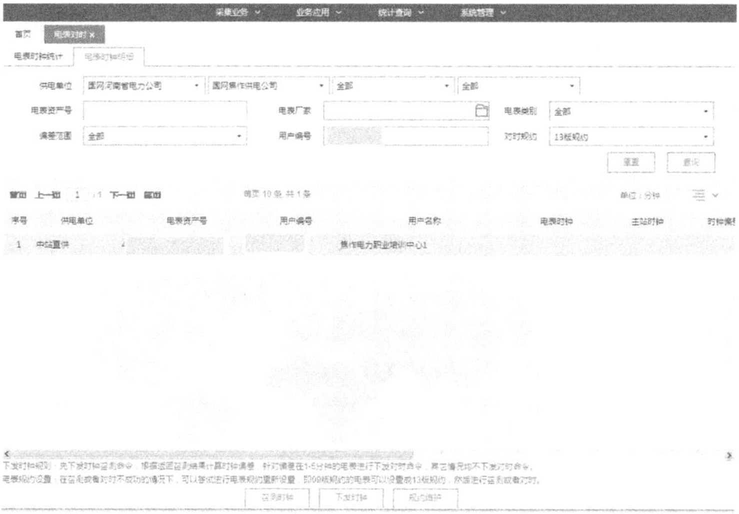

图5-25

注意:由于系统库存的电表时钟信息较老,准确度较低,如想查看电表时钟,需点击【召测时钟】,请勿依据系统直接查询到的时钟判定电表时钟的差异与否。

方法2:利用采集运维现场作业终端现场校时。

登录采集运维闭环管理系统,见图5-26。

点击【现场补抄】,在【现场补抄待办】中点击【创建补抄工单】,见图5-27。

国家电网
STATE GRID
采集运维闭环管理
系统登录
工 号:
密 码:

图 5-26

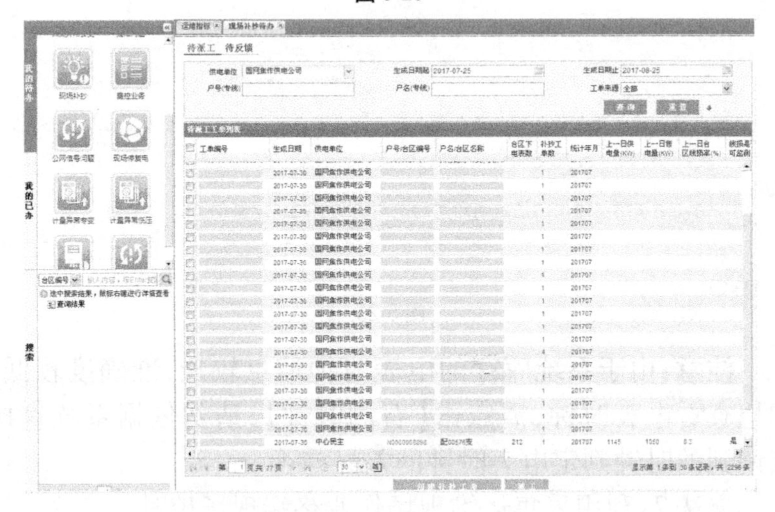
运维指标
现场补抄待办
我的待办
现场补抄
我的已办
计量异常专变
计量异常低压
搜索
待派工 待反馈
供电单位
国网焦作供电公司
生成日期起 2017-07-25
生成日期止 2017-08-25
户号(专线)
户名(专线)
工单来源 全部
待派工工单列表
工单编号
生成日期
户号/台区编号
户名/台区名称
补抄工单数
统计年月

图 5-27

输入想要进行校时的用户号→点击【创建补抄工单】，见图5-28。

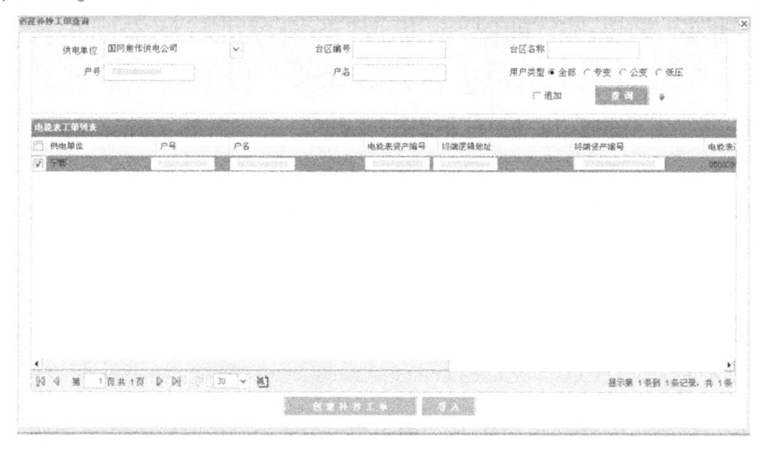

图5-28

找到自己创建的工单，派工至相应采集运维现场作业终端，工作人员利用采集运维现场作业终端现场对电表进行校时，如出现校时失败情况，可长按电表编程键，再次进行尝试工作，若显示校时成功，即完成操作。

5.3　档案同步操作流程

1. 功能描述

用于处理由于档案调整，出现“用户名称”“计量点状态”“综合倍率”等信息在营销与用电信息采集系统中不一致的情况。实现用电信息采集系统与营销系统之间客户档案、设备档案、参数档案的手工及自动同步。

2. 功能操作

建议选择“谷歌浏览器”进行此操作。

选择【采集业务】→【档案管理】→【档案同步】，根据供电单位、同步对象输入需要同步的编号进行档案同步，“同步对象”选择“采集点”，即以“采集点”为对象进行档案同步；选择“用户”，即对单个用户进行档案同步。以下以“采集点”为对象进行档案同步，见图5-29。

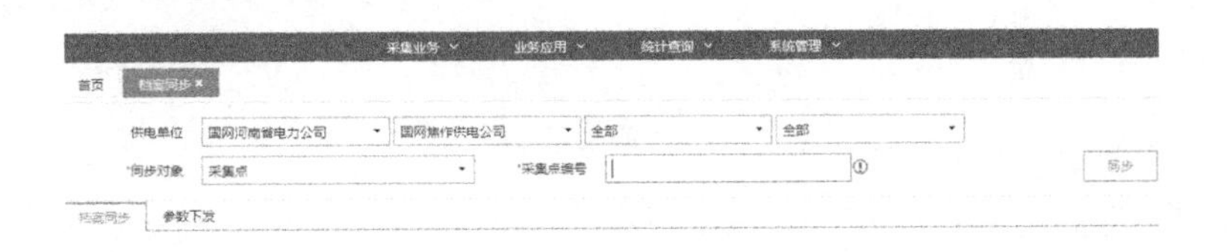

图5-29

采集点编号可从右侧扩栏通过查询台区名称、用户编号等信息得到，见图5-30。

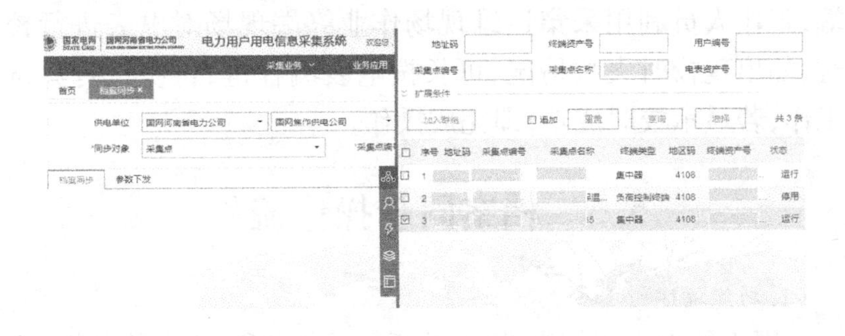

图5-30

输入采集点编号，点击【档案同步】，见图5-31。

图 5-31

点击【确定】,同步完成后自动跳到参数下发页面,勾选全部电表,点击【参数下发】,见图 5-32。

图 5-32

电表参数均下发成功,流程结束,营销系统及用电信息采集系统中用户相关档案得以同步,保持一致性。

5.4 光伏表新装流程

光伏表新装流程基本与采集新装流程过程一致,但在如下环节有较小区别:

区别 1:营销加表环节。“用户类型”选择“发电客户”,输入台区名称,见图 5-33。

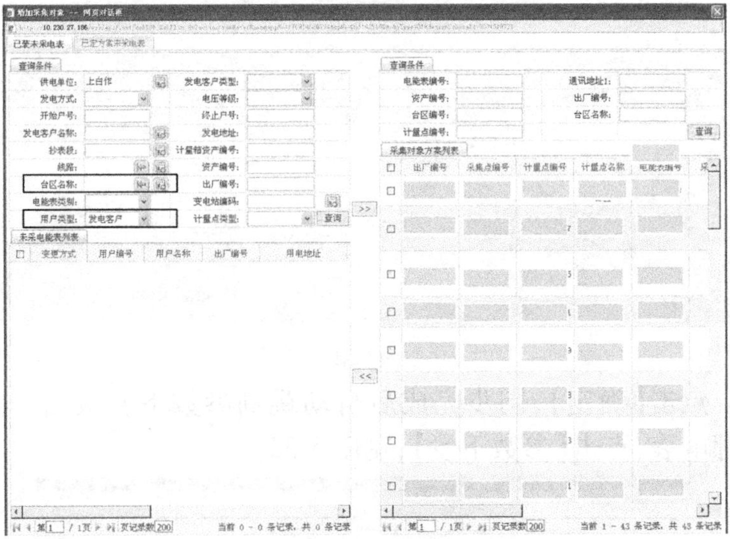

图 5-33

区别 2：由于光伏表添加至用电信息采集后，电表参数中端口号默认为 1，需修改为 31，再进行参数下发。也可在工单推送至用电信息采集环节，在【电能表信息】页面中直接修改，见图 5-34。

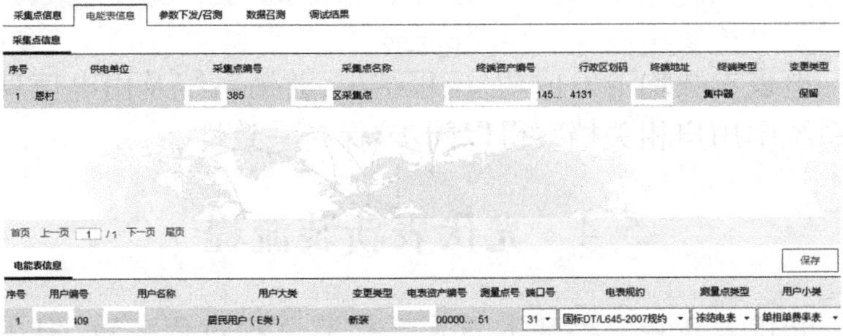

图 5-34

注意：端口号更改为 31 后，点击【保存】。

5.5 采集运维闭环管理系统操作

5.5.1 采集运维工单考核指标查询

打开采集运维闭环管理系统，点击【考核指标】→【采集运维情况】→【工单处理竞赛】，见图5-35。

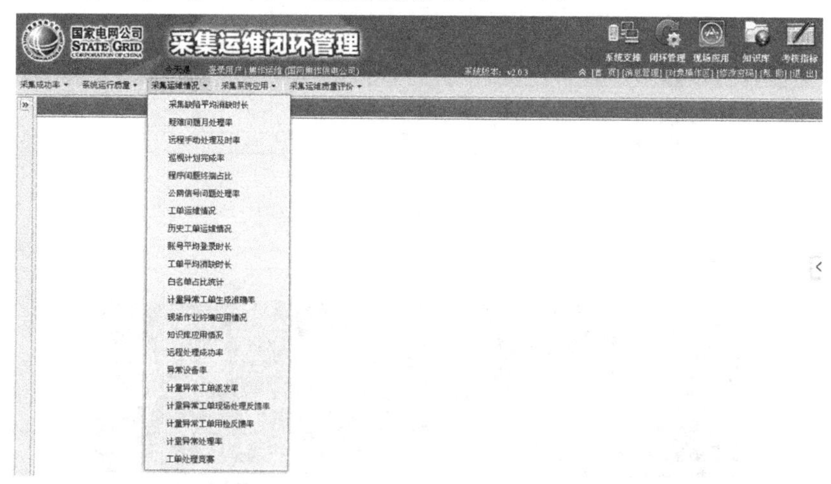

图5-35

选择统计日期为“前一日”，点击【统计】即可查询，见图5-36。

5.5.2 采集异常工单

1. 工单派发

登录采集运维闭环管理系统，见图5-37。

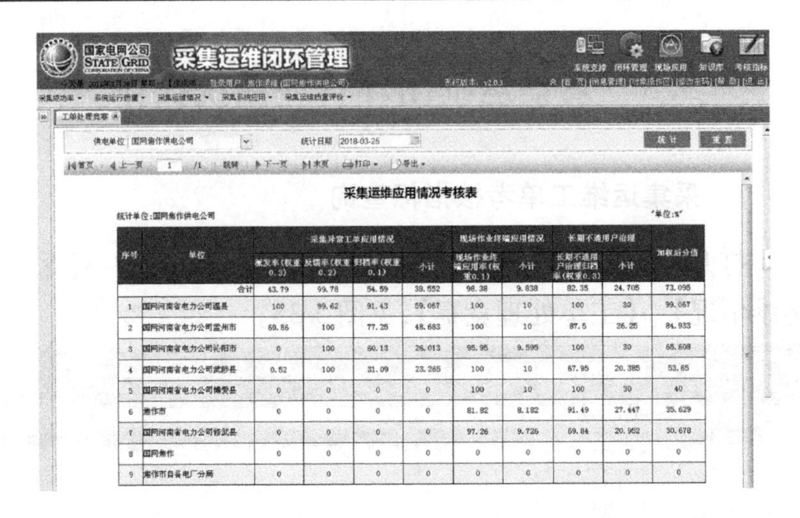

采集运维应用情况考核表

统计单位:国网焦作供电公司　　"单位:%"

序号	单位	采集异常工单应用情况				现场作业终端应用情况		长期不通用户治理		加权后分值
		派发率(权重0.3)	反馈率(权重0.2)	归档率(权重0.1)	小计	现场作业终端应用率(权重0.1)	小计	长期不通用户治理归档率(权重0.3)	小计	
	合计	43.79	99.78	54.59	38.552	98.38	9.838	82.35	24.705	73.095
1	国网河南省电力公司温县	100	99.62	91.43	59.067	100	10	100	30	99.067
2	国网河南省电力公司孟州市	69.86	100	77.25	48.683	100	10	87.5	26.25	84.933
3	国网河南省电力公司沁阳市	0	100	60.13	26.013	95.95	9.595	100	30	65.608
4	国网河南省电力公司武陟县	0.52	100	31.09	23.265	100	10	67.95	20.385	53.65
5	国网河南省电力公司博爱县	0	0	0	0	100	10	100	30	40
6	焦作市	0	0	0	0	81.82	8.182	91.49	27.447	35.629
7	国网河南省电力公司修武县	0	0	0	0	97.26	9.726	69.84	20.952	30.678
8	国网焦作	0	0	0	0	0	0	0	0	0
9	焦作市自备电厂分局	0	0	0	0	0	0	0	0	0

图 5-36

图 5-37

如图 5-38 所示,点击左侧“ >> ”标识,打开隐藏快捷菜单。

采集异常专变、采集异常公变、采集异常低压均是考核工

图5-38

单,均需处理。如图5-39所示,以采集异常低压为例,点击【我的待办】→【采集异常待办(低压)】。

图5-39

点击右上方【高级查询】,筛选本月需处理工单(本月月初至月末)，见图 5-40。

集运维闭环管理

系统支撑　闭环管理　现场应用　知识库

运维指标　采集异常待办(低压)

远程处理　现场处理　归档监控

高级查询

视图 ◉按工单明细处理 ○按终端处理

低压待派工工单列表

工单号	供电单位	终端逻辑地址	户号/台区编号	户名/台区名称	操作	异常现象	异常等级	采集器资产编号	是否提交疑难
41A3171022428679	圪当店供电所		22		远程处理	电能表持续多天无数据	一般		否
41A3171022405609	大封供电所		60		远程处理	电能表持续多天无数据	一般		否
41A3171022405598	大封供电所		15		远程处理	电能表持续多天无数据	一般		否
41A3171022405569	大封供电所		72		远程处理	电能表持续多天无数据	一般		否
41A3171022405594	大封供电所		68		远程处理	电能表持续多天无数据	一般		否
41A3171021403295	小董供电所		11		远程处理	电能表持续多天无数据	一般		否
41A3171020379026	圪当店供电所		27		远程处理	电能表持续多天无数据	一般		否
41A3171018343538	大封供电所		49		远程处理	电能表持续多天无数据	一般		否
41A3171018343553	嘉应观供电所		37		远程处理	电能表持续多天无数据	一般		否
41A3171018340371	嘉应观供电所		57		远程处理	电能表持续多天无数据	一般		否
41A3171018340374	三阳供电所		18		远程处理	电能表持续多天无数据	一般		否
[illegible]	大封供电所		38		远程处理	电能表持续多天无数据	一般		否

图 5-40

如下以 10 月为例，“发生时间开始”选择月初即 2017-10-01，“发生时间截至”可不选。注意：供电单位处右侧方框不要点对勾，点击【查询】，见图 5-41。

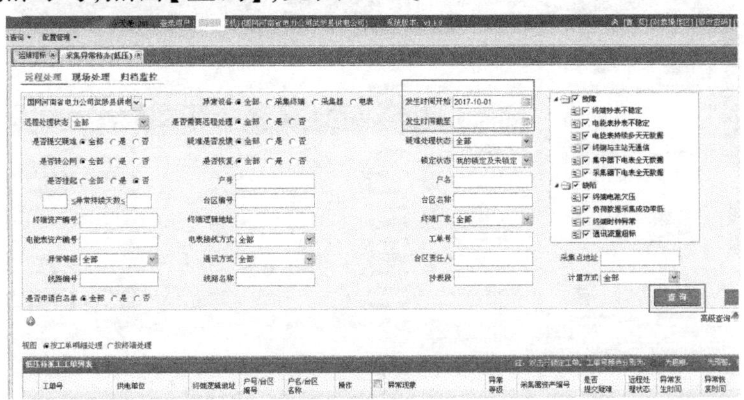

图 5-41

勾选【异常现象】左侧窗口，可全选本页工单，见图 5-42。

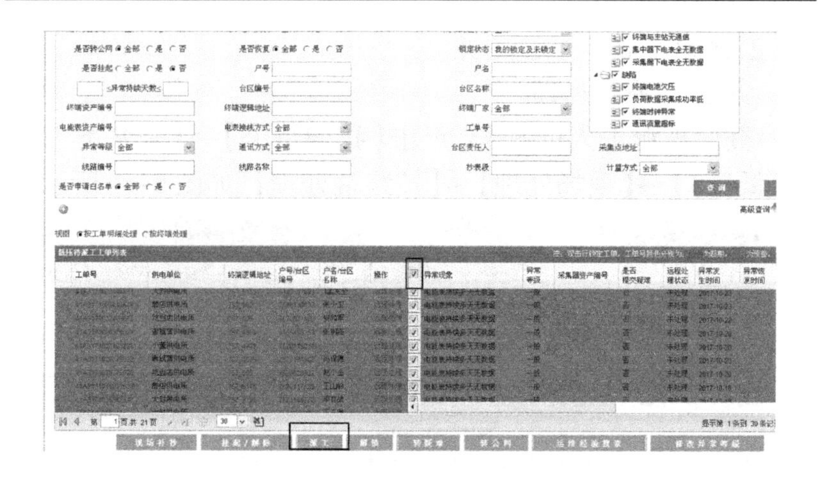

图 5-42

点击图 5-42 中【派工】，出现如图 5-43 所示页面，“派工对象”中输入想要派发的采集运维现场作业终端账号，点击【查询】，再点击【关联】，即可将所有工单关联上此采集运维现场作业终端上。点击【派工】即可。

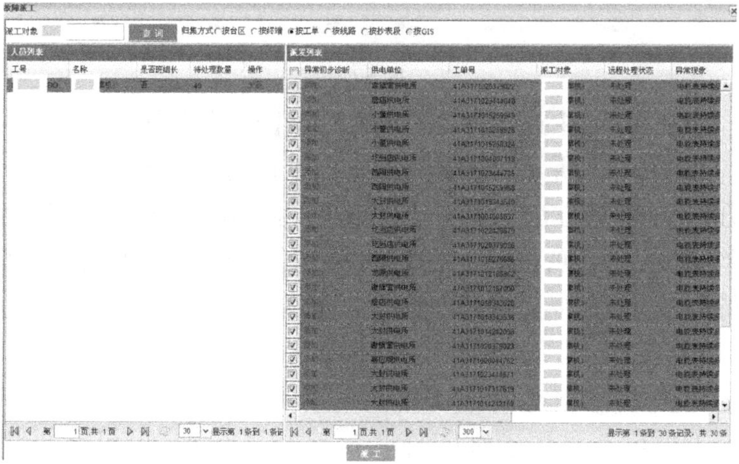

故障派工
派工对象　查询　归集方式 按台区 按终端 按工单 按线路 按抄表段 按GIS
人员列表
工号　名称　是否班组长　待处理数量　操作
派发列表
异常初步诊断　供电单位　工单号　派工对象　远程处理状态　异常现象
派工

图 5-43

2. 工单反馈

方法 1:系统反馈。

登录被派工人的账号,点击【我的待办】→【采集异常待办(低压)】→【现场处理】→【按终端处理】,如图 5-44 所示。

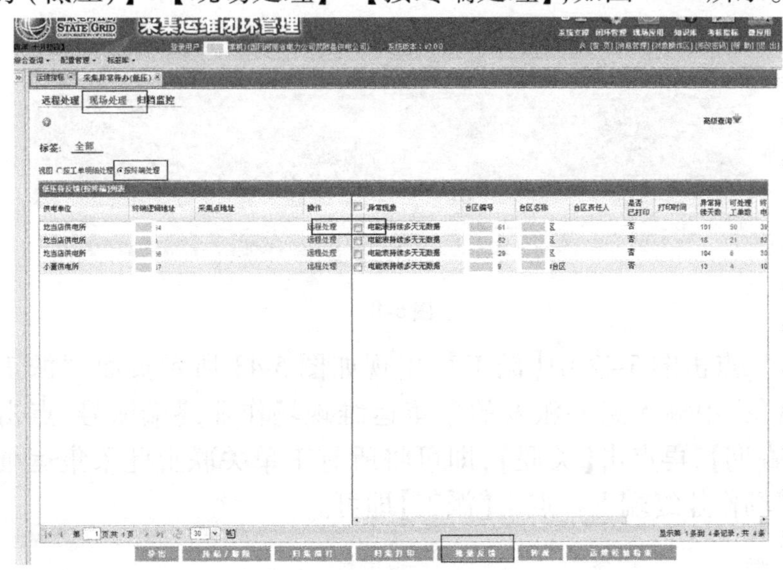

图 5-44

如在图 5-44 选中一条工单,点击【批量反馈】。

如图 5-45 所示,勾选【统一处理】,选择“异常原因”“诊断方法”“修复方法”,点击【确定】,再点击下方【转待归档】,工单即反馈结束;或不点击【按终端处理】,直接进入【采集异常待办(低压)】→【现场处理】页面,勾选单个工单,逐一点击【反馈】。

方法 2:采集运维现场作业终端反馈。

工单可在采集运维闭环管理系统上反馈,也可在采集运维现场作业终端上反馈,各单位根据实际情况,选择工单反馈方式。以下为采集运维现场作业终端反馈工单方法,见

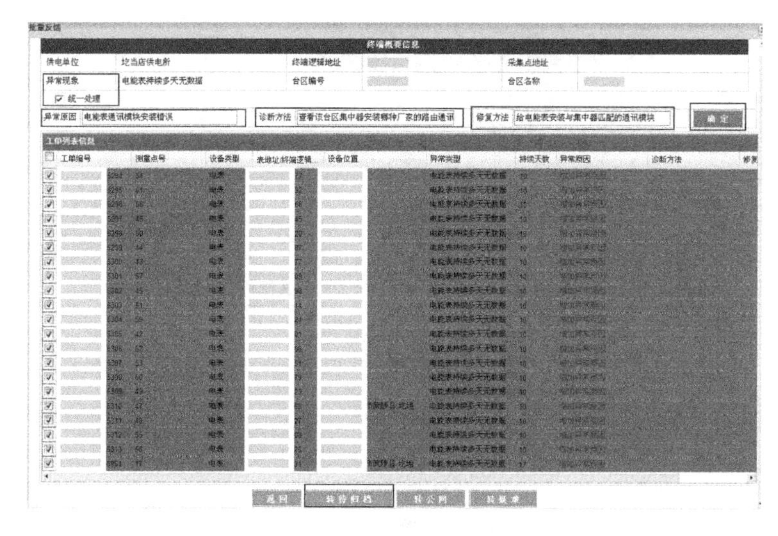

图 5-45

图 5-46 ~ 图 5-48。

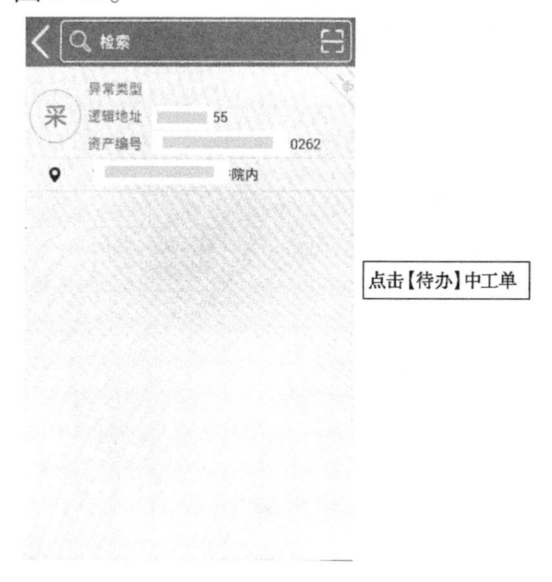

图 5-46

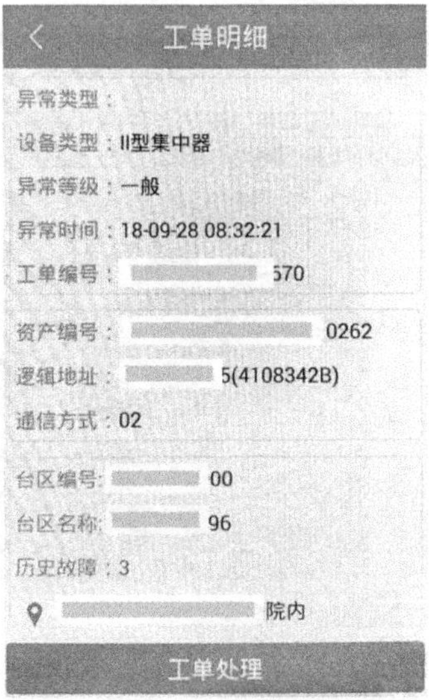

工单明细

异常类型：

设备类型：II型集中器

异常等级：一般

异常时间：18-09-28 08:32:21

工单编号：570

资产编号：0262

逻辑地址：5(4108342B)

通信方式：02

台区编号：00

台区名称：96

历史故障：3

院内

工单处理

选择【工单处理】

图 5-47

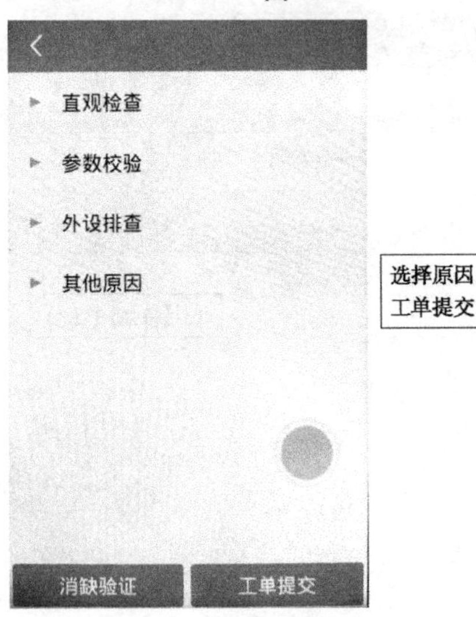

图 5-48

工单流程结束。

注意：

(1)每周五下午5点前,需将本周采集异常工单派工、反馈完毕;每月月末需将本月采集异常工单派工、反馈完毕。

(2)每月1~5日、29~31日严禁在采集运维闭环管理系统中进行工单召回操作。

5.5.3　长期不通户治理工单

进入采集运维闭环管理系统,点击【闭环管理】→【两率一损工单处理】→【工作工单监控】→【长期不通用户集中治理统计表】,可查询各单位工单完成情况,见图5-49。

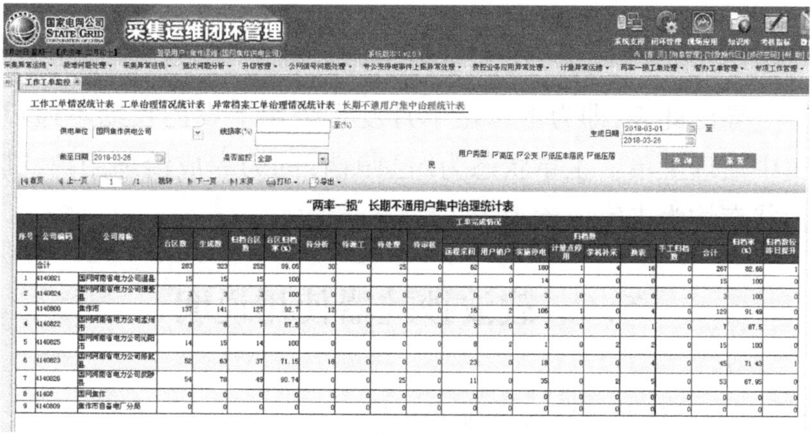

"两率一损"长期不通用户集中治理统计表

序号	公司编码	公司简称	工单完成情况																
			台区数	生成数	归档台区数	台区归档率(%)	待分析	待派工	待处理	待审核	归档数								归档率(%)	归档数较昨日提升
											远程采回	用户销户	实施停电	计量点停用	掌机补采	换表	手工归档数	合计		
	合计		283	323	252	89.05	30	0	25	0	62	4	180	1	4	16	0	267	82.66	1
1	4140821	国网河南省电力公司温县	15	15	15	100	0	0	0	0	1	0	14	0	0	0	0	15	100	0
2	4140824	国网河南省电力公司博爱县	3	3	3	100	0	0	0	0	0	0	3	0	0	0	0	3	100	0
3	4140800	焦作市	137	141	127	92.7	12	0	0	0	16	2	106	1	0	4	0	129	91.49	0
4	4140822	国网河南省电力公司孟州市	8	8	7	87.5	0	0	0	0	3	0	3	0	0	1	0	7	87.5	0
5	4140825	国网河南省电力公司沁阳市	14	15	14	100	0	0	0	0	8	2	1	0	2	2	0	15	100	0
6	4140823	国网河南省电力公司修武县	52	63	37	71.15	18	0	0	0	23	0	18	0	0	4	0	45	71.43	1
7	4140826	国网河南省电力公司武陟县	54	78	49	90.74	0	0	25	0	11	0	35	0	2	5	0	53	67.95	0
8	41408	国网焦作	0	0	0	0	0	0	0	0	0	0	0	0	0	0	0	0	0	0
9	4140809	焦作市自备电厂分局	0	0	0	0	0	0	0	0	0	0	0	0	0	0	0	0	0	0

图5-49

归档规则:远程采回,用户销户,采集运维现场作业终端补采,换表,已实施停电等方式均可归档工单。

点击【闭环管理】→【两率一损工单处理】→【工作工单查询】,"工单分类"选择"长期不通户集中治理","视图"勾选"按用户",见图5-50。

图 5-50

导出此表,即为本单位本月度省公司下发的长期不通户集中治理工单。工单状态为“已归档”的为完成治理用户,其他状态均为未完成治理。

5.6 载波抄控器使用说明

5.6.1 鼎信载波抄控器使用说明

1. 所需设备

鼎信载波抄控器(装载鼎信载波抄表程序)、电源线、232 串口或 USB 转 232 串口。

2. 抄表实际连接效果图

按照图 5-51 所示实际连接效果图连接载波抄控器、抄控器和载波表。连接完成后,进入抄表测试。

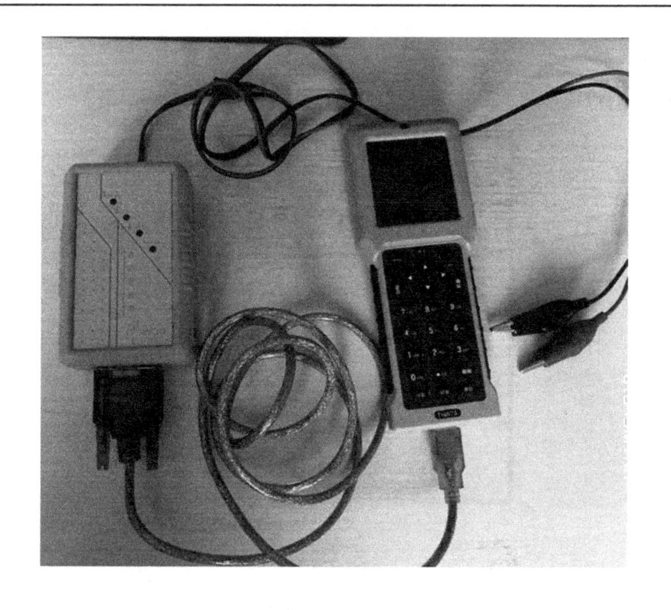

图 5-51

3. 使用载波抄控器、抄控器抄读载波电能表

按“退出”键直至主界面,如图 5-52 所示。

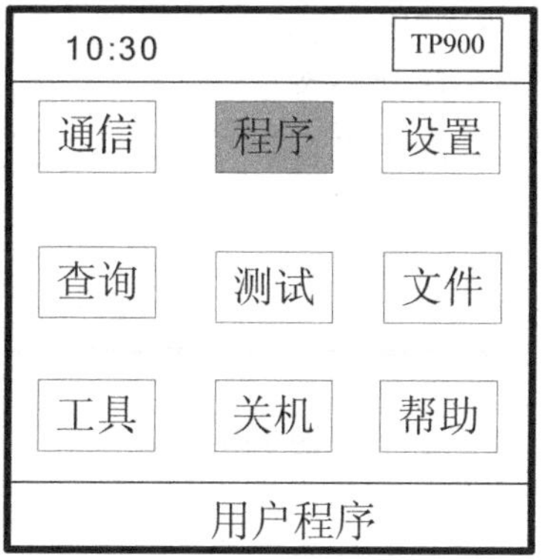

10:30		TP900
通信	程序	设置
查询	测试	文件
工具	关机	帮助
	用户程序	

图 5-52

选择“程序”，按“确认”进入，选择“鼎信07”→“确认”→“tcs081－07”→“确认”，进入如图5-53所示界面。

鼎信电力载波系统

掌上电脑抄设程序

DL645/07版

版本V2.00

2010-03-30

图5-53

按“确认”进入程序界面，见图5-54。

----------主菜单----------

1. 通信设置

2. 控制命令

3. 07版 645

4. 特殊命令

5. 操作设置

退出　　　　选择

图5-54

1）通信设置

选择“1. 通信设置”，可以进行“载波速率”的选择。

载波速率支持四种速率，即50 bps、100 bps、600 bps、1 200 bps，根据实际情况选择需要的载波速率。一般情况下，通信距离较短时可选择 600 bps 或 1 200 bps,通信距离较远时可选择 100 bps 或 50 bps。

其他 3 个选项一般不需要设置。

2)电表抄读

A. 表号输入

按以下路径进入电表抄读:“3.07 版 645”→“确认”→“1. 抄读命令”→“确认”→“0 级直接”→“确认”。

在弹出的小对话框“请输入表号:00 00 00 00 00 01”内输入表号,00 00 00 00 00 01 是默认的初始表号。

标准表号为 12 位,在这里可以输入任意长度的表号,不足 12 位时,程序自动在前面补 0。

B. 抄读电量

表号输入后,按“确认”键进入如图 5-55 所示界面。

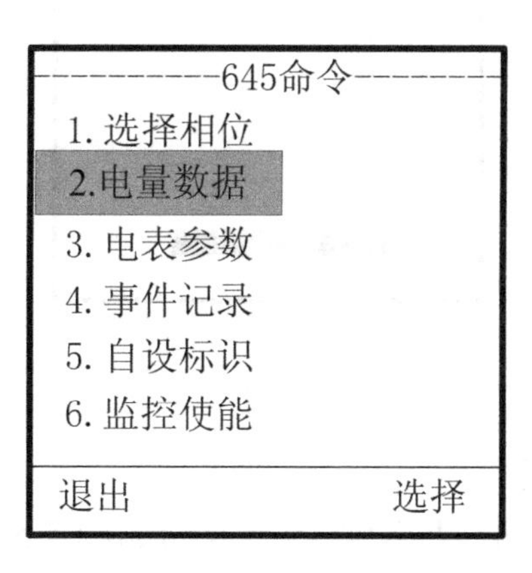

图 5-55

选择“2. 电量数据”进入如图 5-56 所示界面。

一般最常用为“1. 当前正向”,选择后按“确认”即开始抄表,等待界面如图 5-57 所示。

图5-56

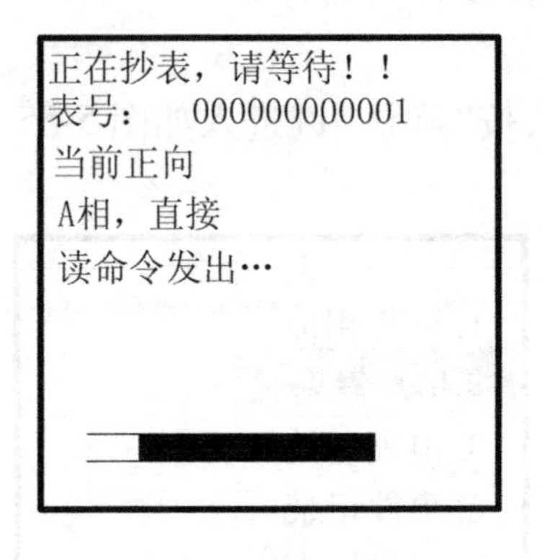

图5-57

C.返回结果

(1)抄读成功。抄读成功后返回如图5-58所示界面。

界面中,“通信:A相”为选择的命令下发的相位;“实际:A相”为电表的实际相位;“当前正向:18.75”为返回电量值;“最后一级强度”与“目的节点强度”为载波表处通信时的信号强度。

(2)抄读失败。

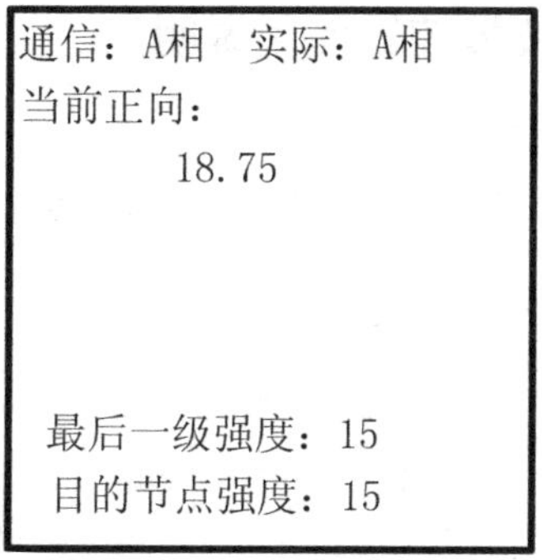

图5-58

若返回如图5-59所示界面，请检查载波抄控器、抄控器电源线的连接，确认接线无误。

图5-59

(3)通信超时。

界面返回“通信超时”并伴有蜂鸣时，电能表抄读失败。此时有以下3种可能：

①电能表故障。

②载波模块故障。

③通信距离太远，信号强度不够(改用低速率尝试)。

5.6.2　瑞斯康载波抄控器使用说明

1. 面板按键说明

瑞斯康载波抄控器面板按键如图 5-60 所示。

图 5-60

取消:具有退出当前工作菜单或删除数据的功能。

确定:进入功能菜单或数字确认操作。

2. 使用说明

1)进入通信参数

主界面如图 5-61 所示。

“1”指示当前为通信参数状态。

“U = 226.1V”指示当前的交流市电电压有效值。

“ -78dB”指示接收到载波数据包信号强度,默认显示为 -78 dB。

“17:11:31”指示系统时间的时:分:秒。

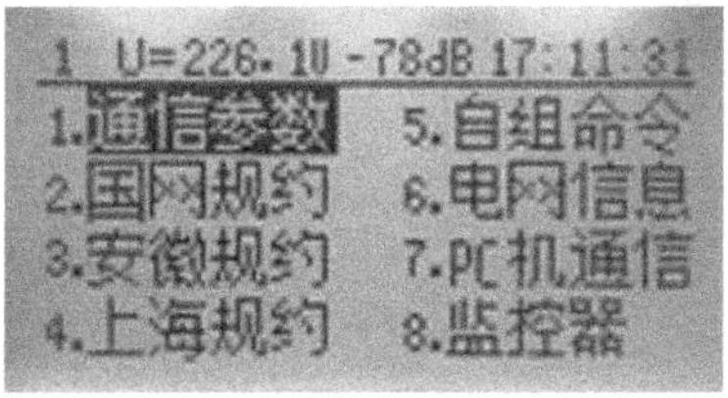

图 5-61

2)选择通信参数

如图 5-62 所示,选择通信参数为“红外 1200 bps”“红外 2400 bps”“载波通信”“232 通信”“系统时间”。

图 5-62

使用“上”“下”键选择不同的速率,使用“确定”键确认选择,下行箭头指示确认的通信方式,一般选择载波通信。

3)选择国网规约

如图 5-63 所示,选择国网规约为“有功电能”“读数据项”“写数据项”“超时时间”,一般选择有功电表。

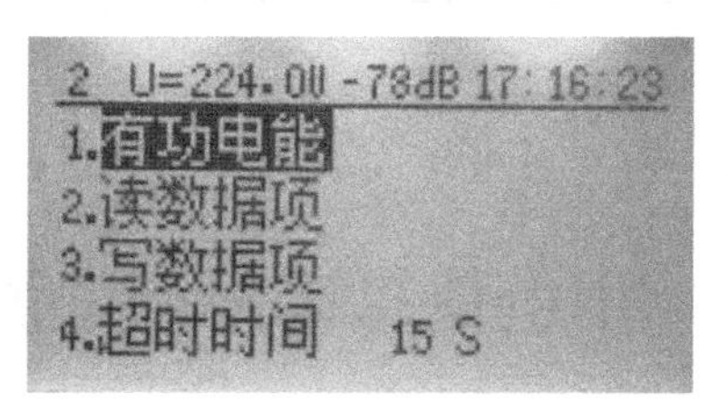

图 5-63

4)输入12位表号

如图5-64所示,读00 00 35 36 31 28通信地址的日冻结正向有功电能。

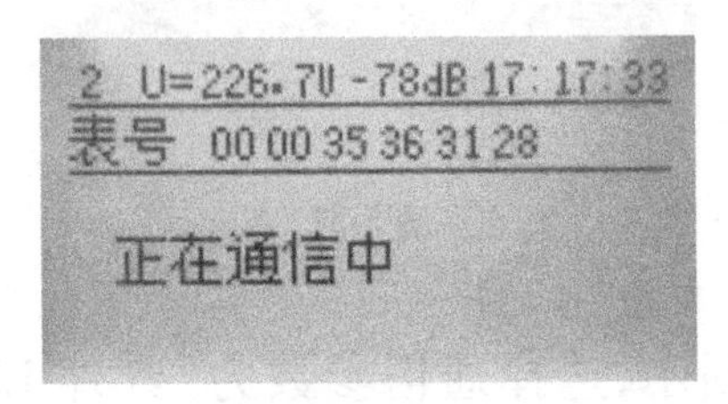

图5-64

5)选择电网信息

如图5-65所示,监控电网的交流电压有效值、监控电网的干扰噪声、监控电力线数据包的信号强度、监控通信表号。

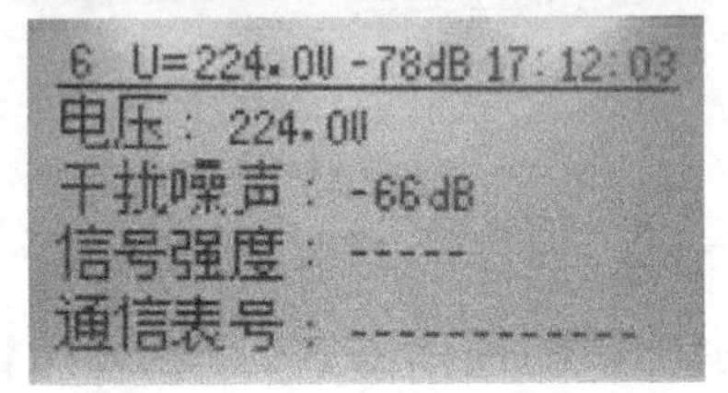

图5-65

3.使用注意事项

(1)现场设备取电红色接线孔接L线,黑色接线孔接N线。

(2)现场接线必须牢固。

5.7 用电信息采集调试流程

用电信息采集调试流程见图5-66。

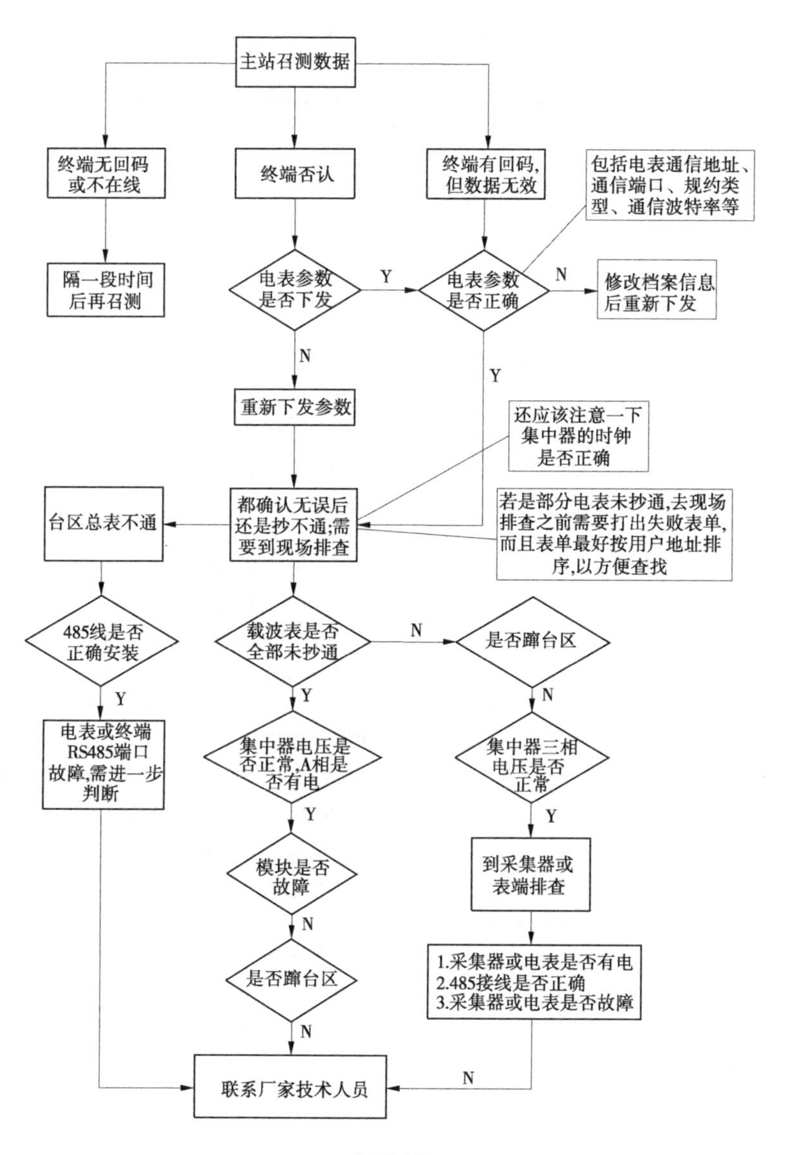
主站召测数据
终端无回码或不在线
终端否认
终端有回码,但数据无效
包括电表通信地址、通信端口、规约类型、通信波特率等
隔一段时间后再召测
电表参数是否下发
Y
电表参数是否正确
N
修改档案信息后重新下发
N
Y
重新下发参数
还应该注意一下集中器的时钟是否正确
台区总表不通
都确认无误后还是抄不通;需要到现场排查
若是部分电表未抄通,去现场排查之前需要打出失败表单,而且表单最好按用户地址排序,以方便查找
485线是否正确安装
载波表是否全部未抄通
N
是否蹿台区
Y
Y
N
电表或终端RS485端口故障,需进一步判断
集中器电压是否正常,A相是否有电
集中器三相电压是否正常
Y
Y
模块是否故障
到采集器或表端排查
N
是否蹿台区
1.采集器或电表是否有电
2.485接线是否正确
3.采集器或电表是否故障
N
N
联系厂家技术人员

图5-66

用电信息采集调试分类分析，见表 5-1。

表 5-1

问题	现象	原因
集中器不上线	集中器上所有电源指示灯均不亮	集中器未上电： 1. 电源线未供电； 2. 集中器故障
	GPRS 模块电源指示灯不亮	GPRS 模块未上电： 1. GPRS 模块未安装到位； 2. GPRS 模块故障； 3. 集中器故障
	无信号	1. SIM 卡损坏或欠费； 2. GPRS 模块故障
	信号弱	1. 集中器所在位置信号弱； 2. GPRS 天线未接； 3. GPRS 天线损坏； 4. GPRS 模块故障
	信号强度、电源正常，“G”符号闪烁	通信参数设置错误： 1. 主站 IP 地址：10. 230. 24. 28 或 10. 230. 24. 26 或 10. 230. 026. 006； 2. 通信端口：2028； 3. APN：DLCJ. HA 或 dlcj. ha
全未抄回	集中器上所有电源指示灯均不亮	集中器未上电： 1. 电源线未供电； 2. 集中器故障
	下行模块电源指示灯不亮	下行模块未上电： 1. 下行模块未安装到位； 2. 下行模块故障； 3. 集中器故障

续表 5-1

问题	现象	原因
全未抄回	现场集中器不抄表： 各电源指示灯正常； 下行模块 T/R 灯与三相载波发送指示灯均不闪烁	1. 台区档案未下发到集中器； 2. 集中器时间错误，召测确认，进行校时； 3. 集中器或下行模块故障
	现场集中器正在抄表： 各电源指示灯正常； 下行模块 T/R 灯与三相载波发送指示灯均正常闪烁	1. 台区档案错误； 2. 档案电表参数设置错误：表地址、表端口号、规约类型； 3. 集中器或下行模块故障
部分未抄回	现场集中器抄表已完成，不再抄表： 各电源指示灯均正常，下行模块 T/R 灯与三相载波发送指示灯均不闪烁	集中器内档案不完整，需要核对档案：主站下发时部分档案丢失
	现场集中器正在抄表： 各电源指示灯均正常； 下行模块 T/R 灯与三相载波发送指示灯均正常闪烁	1. 部分档案错误：台区划分错误或有迁移； 2. 部分电表参数设置错误； 3. 现场电表问题： 现场电表表号与档案不一致； 电表未上电、故障、表内载波模块故障 4. 集中器或下行模块故障